資訊產業
與經濟增長 研究

李向陽 ◎ 著

崧燁文化

前　言

　　隨著信息全球化浪潮的掀起，世界經濟面臨一個發展新階段，這個新階段面臨的主要問題，就是要轉變經濟增長方式。而信息產業已經成為發達國家經濟發展的新增長點和強勁引擎，經濟增長點的支柱也將依賴於信息產業發展。本書通過對信息產業與經濟增長之間關聯的理論與實證分析，進一步闡述了無論對發達國家還是發展中國家，促進信息產業發展對保持經濟持續增長都是一項緊迫的戰略任務。

　　隨著經濟發展和社會的進步，國民經濟需要形成新的經濟增長點。一些發達國家和地區紛紛把信息產業作為新的增長點，將發展信息經濟擺到重要的戰略位置上。大力發展信息產業，培育新的經濟增長點，是促進經濟發展和社會進步的一項緊迫的戰略任務。本書通過對信息產業對經濟增長貢獻的理論與實證分析，進一步闡述了無論對發達國家還是發展中國家，把信息產業作為新的經濟增長點並加快發展，必將會對促進國民經濟持續發展發揮重要的助推作用。

　　本書以灰色關聯理論和經濟增長理論分析信息產業在不同時期對經濟增長的影響，證明信息產業發展對經濟增長的帶動作用日益凸顯，同時也揭示信息產業可持續發展中存在的問題和原因，並從不同產業部門角度提出加快中國信息產業可持續發展的對策建議。

　　由於時間倉促和筆者水準有限，書中難免有疏漏和錯誤之處，敬請廣大同仁及讀者不吝批評指正。

李向陽

目　錄

第一章　緒論 / 1
第一節　研究背景和研究意義 / 1
第二節　文獻綜述 / 4
第三節　本書的研究內容及方法 / 8
第四節　創新與不足 / 9

第二章　中國信息產業發展的現狀分析 / 10
第一節　中國信息產業發展概況 / 10
第二節　中國信息產業的區域發展 / 33
第三節　中國信息產業的趨向 / 37
第四節　信息產業對就業的影響的實證分析 / 41

第三章　信息產業發展水準與經濟增長的衡量 / 46
第一節　宏觀經濟的發展概況 / 46
第二節　從信息技術到信息產業 / 50
第三節　波拉特測算方法和信息化指數法 / 64

第四章　信息產業與經濟增長理論研究 / 68
第一節　信息產業的界定 / 68
第二節　信息產業的特徵分析 / 69
第三節　信息產業的形成和發展趨勢 / 72
第四節　信息產業發展與經濟增長理論 / 74

第五章　信息產業與經濟增長的關係分析 / 76

 第一節　信息產業發展促進經濟增長的機制研究 / 76

 第二節　信息產業對經濟增長貢獻的作用機理分析 / 81

第六章　信息產業與經濟增長的效應分析 / 85

 第一節　基礎模型 / 85

 第二節　信息產業與經濟增長的協整分析 / 87

 第三節　信息產業對中國經濟增長貢獻的測度 / 94

第七章　信息產業促進經濟增長發展的對策和建議 / 110

 第一節　加強基礎設施建設 / 110

 第二節　信息產業發展新特點 / 116

 第三節　對策建議 / 122

參考文獻 / 128

第一章　緒論

第一節　研究背景和研究意義

一、研究背景

（一）信息革命的興起與信息時代的來臨

20世紀中葉，以技術創新為顯著特徵的技術進步不斷發展，出現了數字信息技術，從而引發了一場信息革命。在這次革命中，產生了信息技術創新群及以信息技術為主導的新產業群，出現了在數字化基礎上的計算機、網絡與通信技術的融合。宏觀上，因信息革命引發的信息技術創新與擴散、發展和融合，為人類提供了社會和經濟發展新的途徑與技術範式[①]。信息革命與以往歷次產業革命的根本區別就在於：以往歷次產業革命都是停留在人類已知的物質和能量之間的生產工具的革命，而信息革命首先是人類認識領域的創新和知識革命，其次才是生產工具的革新和生活方式的改變。這種革新和改變在更深、更廣的領域裡促進著人們對傳統產業的全面改造。

信息革命在諸多方面對人類經濟發展和社會各個領域產生廣泛而深遠的影響，引導世界步入信息時代。信息成為人類須臾不可缺少的資源，以信息技術為基礎的信息產業成為世界經濟發展的支柱產業。為謀求在世界經濟發展中的地位和作用，各國紛紛提出加快信息產業發展的戰略，進一步促進了世界信息產業的發展。發達國家希望通過信息產業發展戰略，保持其經濟的持續增長與科技領先優勢，進而在世界經濟中繼續佔據領導地位；發展中國家則希望依靠

---

① 範式（Paradigm）是美國科學哲學家托馬斯·庫恩在他的名著《科學革命的結構》一書中首次使用的。他以此來稱謂科學革命也就是範式的轉變，即以一種新範式取代舊範式。如同科學革命中的範式轉變一樣，政治和社會範式的轉變也將產生一場變革。而正如人們早就指出的，信息革命使工業社會轉變為信息社會。

信息產業發展戰略，加快其經濟發展，縮小與發達國家在經濟與科技方面的差距，從而擴大在世界經濟中的比例，發揮在國際事務中的應有作用。對於發展中國家來說，如何通過信息產業的發展來促進經濟的發展，縮短與發達國家之間的差距，是當前面臨的最緊迫課題。

（二）信息時代的經濟趕超

以新古典的索羅增長模型為依據，給定充分競爭、要素的自由流動，根據資本收益遞減規律，可以得出結論：後發國家由於資本/勞動的比例低，其經濟增長會比發達國家快，理論上這些國家的人均產出會趨同。這一經濟增長的趨同理論不僅表明趕超是可能的，同時也指出了落後國家的後發優勢[①]，即人均收入水準低可以帶來較高的經濟增長率。後發優勢當然還包括發達國家在技術、制度、管理方面的外溢，即技術、制度、管理等方面的創新成本很大程度上由先發國家承擔，而後發國家可以在其後較為穩妥地學習、借鑑、模仿發達國家這些方面的成果。

信息技術創新無疑是一場革命性的技術創新，在新的技術經濟範式下，趕超有兩個可能的因素：其一，對於新技術而言，經驗不是最重要的，及早進入該領域才最為關鍵；其二，先發國家在上一輪的技術競爭中處於領先地位，在一項新技術出現的時候（我們不否認先發國家在技術研發與技術創新方面的實力），由於顧及這項技術可能會使原有的技術變得一錢不值，就會延遲對這一技術的採用，而後發國家不太會鎖定在原有的技術經濟範式中，能夠以較低成本從一種技術經濟範式轉向另一種技術經濟範式。

當然，技術革命也可能使我們與發達國家的差距進一步拉大。這裡關鍵的兩個問題是[②]：第一，技術革命一般首先都發生在發達國家，他們最先提高生產力和競爭力，在市場上占據了優勢，而發展中國家因為不具備國際領先的技術創新能力，還無法獲得這種優勢；第二，發展中國家在教育水準、基礎設施、人力資源等很多方面可能不具備應用新技術的條件而處於劣勢。

（三）未來學家的生動概括

「信息革命」的結果使人們的社會生活發生了深刻變化，有遠見的學者馬上以一種全新的視野來分析這些變革，美國未來學家托夫勒和奈斯比特據此提

[①] 後發優勢理論源於古典經濟學家李嘉圖的國際分工、比較生產費用理論和德國經濟學家李斯特的動態比較費用學說。格申克龍（A. Gershenkron）也通過對後期國家經濟發展的考察，提出「相對後進性」假說，即在初期階段的經濟發展水準越低，其後來的經濟增長率就越高。

[②] 樊綱，張晶晶. 全球視野下的中國信息經濟：發展與挑戰 [M]. 北京：中國人民大學出版社，2003：18.

出了「信息社會」的說法，並分別在《第三次浪潮》和《大趨勢》中予以描繪。對於技術和變革在當今社會中的特殊重要地位，這些未來學家都做了生動而發人深思的論述。

按照西方未來學家的觀點，以及技術和產業的特點，我們可以把歷史進程劃分為「農業社會」「工業社會」和「信息社會」三個階段。「農業社會」的特點是「面對過去」——你父親乃至爺爺種地的經驗也是適合你的，誰經驗豐富誰就能賺錢；「工業社會」的特點是「面對現在」——立足於今天的經驗和技術，做到每一天、每一月都有盈利；「信息社會」的特點是「面對未來」——今天不賺錢不要緊，關鍵的問題是你能不能看到「明天」，能否跟上時代和技術的變革。不用說，這個看法對於信息產業具有特殊重要的意義。

人類社會依靠的三種資源為物質、能源和信息。農業社會期望擁有物資，即所謂「手中有糧，心中不慌」；工業社會主要是控制能源資源，特別是石油，其是稱霸的重要資本；而到了信息時代，信息成為重要的戰略資源，誰佔有信息，誰就能夠站在政治、經濟、軍事的「制高點」上。據統計，占世界人口20%的發達國家擁有信息量的80%，而80%的發展中國家卻只佔有信息量的20%。信息社會的奧秘需要我們慢慢地去窺探。

總之，新的技術革命是可能的機會窗口，它給發展中國家帶來的既是機遇，也是挑戰，發展中國家要非常珍惜這個機會，如果抓不住，就有可能被拋得更遠、更落後。

二、研究意義

目前中國的經濟增長仍然主要是由勞動和資本投入來支撐的，技術進步對經濟增長的貢獻十分有限，是一種粗放型的增長方式。這種高投入、高消耗的增長方式帶來了許多問題，經濟效益低、生態環境惡化、技術進步緩慢，這樣直接導致了經濟增長缺乏後勁。當務之急就是要轉變中國的經濟增長方式，提高經濟效益，優化經濟結構，降低能源消耗與環境破壞，實現從粗放型到集約型的增長方式的轉變，推動技術創新和科技進步，實現可持續化發展。

信息時代的核心是信息產業，要實現信息時代的經濟趕超和經濟增長方式的轉變，一個十分重要的戰略就是推進信息產業發展。由於信息產業尚屬新興產業，對信息產業中某些現象的特徵、相互作用以及變化趨勢等客觀規律的研究還在不斷摸索之中。本書正是試圖從經濟學的角度考察信息產業的形成和發展變化，側重從經濟學的基本理論、基本原則、方法體系和客觀規律來分析信息產業中的活動和現象，探索其內在的發展特徵和發展規律，從而為中國通過發展信息產業促進經濟增長、轉變經濟增長方式提供理論借鑑。

第二節　文獻綜述

自信息產業革命以來，信息產業對經濟增長的影響一直是國內外學術界和理論界關注的焦點。目前，關於信息產業與經濟增長關係的研究很多，學者們從理論和實證的角度做了大量的研究，分析並度量信息產業對經濟增長的貢獻。相關實證分析主要在新經濟增長理論的基礎上，分別從國家、行業、企業三個層面分析信息產業對國家經濟數量和經濟質量的影響、信息產業對行業產出的影響、信息產業對企業經濟績效的影響。本書主要是分析和度量信息產業對中國經濟增長的貢獻，因此重點從宏觀層面綜述信息產業對經濟績效影響的文獻，具體分為直接作用文獻綜述和間接作用文獻綜述。

一、直接作用文獻綜述

學者們普遍基於經濟增長理論，把信息產業作為一種投入要素，研究信息產業與經濟增長的關係，度量信息產業對經濟增長的直接作用。接下來，本書從國外和國內兩個方面就信息產業對經濟增長的直接貢獻進行文獻綜述。

（一）國外直接貢獻研究綜述

20世紀末，美國「新經濟」的出現掀起了學者研究美國經濟的熱潮。Solow（1987）通過對美國經濟的研究，發現信息產業無處不在，而它對生產率的推動作用卻微乎其微。這一結論也被人們稱為「索洛悖論」或「生產率悖論」。隨著信息產業的深入發展，人們對「生產率悖論」的爭論逐漸消失。Jorgenson（2000）從信息產業和其他產業的聯繫出發，得出經濟的增長是由於信息產業的發展尤其是半導體技術的進步導致的。Jorgenson 和 Stiroh（2000）在另一篇文章中分析了美國經濟在20世紀末快速增長的原因，認為是信息技術產業促進了資本的快速累積，增加了產出量，提高了美國經濟的全要素生產率，從而導致美國經濟的快速增長。除此之外，Oliner 和 Sichel（2000）也對20世紀末美國經濟進行研究，實證分析了計算機和相關產業的投入對經濟增長的貢獻，發現計算機硬件、軟件和通信設備對美國生產率增長的貢獻率很大，導致美國經濟在1990年後半期的增長速率超過4%。Brynjolfsson 和 Hitt（2003）認為信息技術不僅能夠減少交易成本，還可以促進創新，而創新又是經濟增長的源泉。

通過綜合考察這些學者對美國經濟增長的研究，可以得出結論：信息技術

促進了美國經濟的增長。這一時期，除了對美國經濟的研究外，有些國外學者比如Tam（1998），Arcelus和Arocena（2000），Shu和Lee（2003）還分別以新興工業化經濟體和經濟合作與發展組織（簡稱經合組織，OECD）中的國家為實證，指出信息技術對公司業績有積極影響，提高了經合組織國家的生產效率。

隨著信息產業的深入發展，「生產率悖論」現象逐漸消失，但仍然有學者堅持「生產率悖論」還存在。Dewan和Kraemer（2000）分別研究了信息產業對發達國家和對發展中國家的直接作用，明確指出信息技術「生產率悖論」只存在於發展中國家，而不存在於發達國家。Castiglione（2008）認為信息產業對經濟增長的貢獻很小，甚至認為沒有貢獻。Lin（2009），Chen和Lin（2009）、Lin等人（2010）、Winston T Lin和Chung-Yean Chiang（2011）等認為信息技術對經濟影響存在滯後效應，無論是發達國家還是發展中國家，在信息化建設初期都會出現「生產率悖論」現象。

（二）國內直接貢獻研究綜述

中國的信息產業發展比較晚，並且中國經濟在進行信息化的同時也在進行著工業化——工業化的重要程度是毋庸置疑的，這一客觀背景決定了中國的信息產業在發展初期存在規模小、結構不合理、發展不平衡的問題，所以國內早期的文獻主要集中於信息產業對中國經濟有沒有貢獻的問題上。

通過綜述國內外學者對信息產業與經濟增長的關係研究發現，大部分學者認為信息產業對經濟增長貢獻的直接作用明顯，但反對的聲音依然存在，所謂「生產率悖論」依然會出現於某個國家的某一個時期，不管是發達國家還是發展中國家。

二、間接作用研究綜述

隨著信息通信技術（Information Communication Technology，ICT）的迅速發展使ICT擴散和網絡效應變得越來越重要。ICT在促進知識溢出和創新方面扮演著重要的角色，Kagaami和Tsuji（2001）發現，隨著ICT的快速發展，通過ICT擴散的網絡效應，可以縮小欠工業化的國家和發達國家之間的數字鴻溝。

Hernando和Nunez（2004）認為信息技術通過其生產行業直接促進經濟的增長，非信息技術生產行業通過信息技術的使用，促使效率的提高，間接地促進經濟增長。Mittal和Nault（2009）認為信息技術的影響不僅體現在要素投入方面的變化（直接效應），還體現在信息技術能力的增長帶來了生產技術中非信息技術投入要素質量的改進（間接效應）。同時他們還發現信息技術密集行

業中間接效應占主導，非信息技術密集行業中直接效應占主導。因此，不少學者在前人研究的基礎上，進一步地度量信息產業對經濟增長的間接貢獻，採用的研究方法主要有：投入產出法、全要素生產率法（Total Factor Productivity, TFP）和菲德模型法（Feder model）。下面從投入產出法、全要素生產率法、菲德模型法三種研究方法入手，分別綜述信息產業對經濟增長的間接貢獻。

（一）投入產出法

唐敏（2008）認為信息產業對中國經濟增長的貢獻主要表現在兩方面：第一為直接貢獻，第二為間接貢獻。他還指出信息產業對經濟增長的間接貢獻主要表現為信息產業與其他產業之間存在著很強的前向和後向關聯性，前向關聯性表現為其他產業部門對信息產業的產品的需求，後向關聯性表現為信息產業的發展需要其他產業的投入。總之，社會其他行業與信息產業的相互需求日趨增大，表現為其對社會經濟發展產生的推動作用和拉動作用日趨增大。因此，從投入產出的角度來看，各個產業部門之間存在著很強的經濟和技術聯繫，以投入產出法為度量工具度量信息產業與其他產業之間的關聯度，揭示信息產業部門與其他產業部門的關係，這種關聯度度量的就是信息產業對經濟增長的間接貢獻。

柯玲（2009）基於投入產出法，把信息產業作為第四產業，分析了中國信息產業與第一產業、第二產業、第三產業的關聯性，發現信息產業能夠帶動其他產業的發展，從而間接地促進經濟增長。

賴志花和王必鋒（2011）認為信息產業對經濟增長的間接促進作用主要表現為信息產業與其他產業之間存在著很強的關聯性，採用格蘭杰因果關係和關聯度來驗證信息產業與三大產業之間的關聯度，並在此基礎上將信息產業作為經濟增長的投入要素，建立修正的柯布-道格拉斯生產函數來測量信息產業對三大產業的間接貢獻。通過實證發現信息產業作為細分要素對三大產業的促進作用依次為：對服務業的貢獻最大，工業次之，對農業的貢獻最小。

（二）全要素生產率法

Oliner 和 Sichel（2000）認為全要素生產率是由技術進步引起的產出增加而非投入要素的增加引起的，為了測量信息產業對經濟增長的間接貢獻，即信息產業的溢出效應，不少學者用 TFP 來度量信息產業的溢出效應。George 和 Henry（2003）把 ICT 溢出效應作為 TFP 的一部分，分析 20 世紀 90 年代荷蘭企業 ICT 對勞動生產率增長的作用，發現在對勞動生產率的促進作用上，ICT 的溢出效應比 ICT 資本深化的作用還更明顯。

Jorgenson 和 Motohashi（2005）用日本 1975—2003 年經過調整的綜合數據

分析，發現在 1995 年之後，日本 IT 部門的 TFP 明顯增加，但非 IT 部門的 TFP 卻明顯地落後於美國。Fukao 和 Miyagawa（2007）對美國和日本的 TFP 進行分析後發現，在 IT 生產部門，日本和美國有相同的 TFP 加速度，但在高度使用 IT 的部門，日本的 TFP 加速度卻遠遠沒有美國這樣的成就。Fueki 和 Kawamoto（2009）指出日本 IT 部門的 TFP 有明顯的增加，而使用 IT 的部門的 TFP 卻有一個明顯的滯後，滯後期為 5~10 年。

　　王宏偉（2009）利用 TFP 的增長率分析中國經濟增長的源泉，通過實證分析發現在 1987—2007 年通信設備、計算機及其他電子設備製造業和郵電業對經濟增長的貢獻都很大。通信設備、計算機及其他電子設備製造業和郵電業都屬於信息產業，可見，近 20 年，信息產業對中國經濟增長有很大的貢獻，已成為經濟發展的主導產業部門。王宏偉的實證研究雖然得出了信息產業對經濟增長的促進作用，但是沒有具體指出這種促進作用的機制，即信息產業對經濟增長的促進作用究竟是來源於信息產業與非信息產業部門的邊際要素生產率的差異，還是來源於信息產業對非信息產業的外溢作用。Diana 和 Chiu-Fan Kao（2006）基於臺灣的高科技行業運用動態溢出模型建立 ICT 指標，得出 ICT 的溢出效應對 TFP 有促進作用。

　　國內外學者普遍認為信息產業不僅直接地促進經濟的發展，更重要的是其溢出作用能夠促進 TFP 的增長，間接地刺激經濟增長。但也有少部分學者持反對態度。Ram 和 Susanto（2010）提出 TFP 的增加可能是由於 ICT 的溢出效應，也可能是因為隱形資本的累積。他們用了經濟合作與發展組織的 16 個國家 24 個行業 32 年的數據，通過實證表明 ICT 投資不存在溢出效應，ICT 行業的生產率提高是因為隱形資本的累積而不是 ICT 的溢出效應。

（三）菲德模型法

　　菲德模型是菲德（Feder）於 1983 年提出，用於估計出口對經濟增長的直接作用和溢出效應作用。借鑑這一思路，也可用菲德模型來測量信息產業對經濟增長的溢出作用。朱新玲和黎鵬（2005）、崔永濤（2009）等借鑑由菲德提出的兩部門模型，基於時間序列來測度信息產業對經濟增長的直接貢獻和間接貢獻，通過實證發現信息產業部門與非信息產業部門的邊際要素生產力存在明顯差異，除此之外，信息產業對經濟貢獻的溢出效應也相當顯著。

　　陳小磊和鄭建明（2009）基於改進的菲德模型測度信息產業對中國經濟增長的貢獻，得到信息產業對中國經濟增長的全部作用是 0.45，信息產業對中國經濟增長的外溢作用是 1.038。陳小磊和鄭建明的實證結果表明中國信息產業的邊際要素生產率高於非信息產業部門，其對經濟增長的外溢作用顯著，

帶動了整個經濟的發展。但是陳小磊和鄭建明在實證分析中所用的數據是當年數據,並且直接用全年固定投資額代替資本,這些都不能全面地反應數據的真實性。然而在另一篇文獻中,陳小磊和鄭建明(2012)也借鑑菲德模型,用江蘇省的信息產業數據實證分析江蘇省信息產業對經濟增長的溢出作用,得到外溢作用為0.012,表明信息產業對整個江蘇經濟的帶動作用不明顯。

陳小磊和鄭建明用同樣的方法度量信息產業對經濟增長的溢出效應得出不同的結果,這可能是因為:測度的時間段不同,信息產業在不同的時間段對經濟增長的貢獻大小是不同的;測度的範圍不同,不同地區的信息環境不同,信息產業對經濟增長的貢獻也會不同。

信息產業對經濟增長的貢獻是全面而深刻的,如果停留在信息產業對經濟增長的直接貢獻研究上,則不能全面、準確地度量信息產業對經濟增長的全部貢獻。因此在刻畫信息產業對經濟增長直接貢獻的基礎上,有必要對信息產業對經濟增長的溢出效應做出具體的測度。然而在度量間接貢獻的方法中,投入產出法主要是用產業之間的關聯性來刻畫信息產業對經濟增長的間接作用,在TFP方法中,TFP的增長幾乎等同於技術進步率,技術進步可能來源於信息技術的應用,也可能來源於知識、教育、技術培訓、規模經濟、組織管理等方面的改善。因此用投入產出法和TFP法並不能客觀、準確地度量信息產業對經濟增長的溢出效應。相比之下,菲德方法更能準確、直接地測度信息產業對經濟增長的溢出及其滯後效應。

第三節 本書的研究內容及方法

一、主要研究內容

本書主要探討信息產業與經濟增長間的互動關係,研究內容有:
(一)理論的梳理歸納
採用文獻歸納法梳理本書的理論基礎,主要包括信息產業的內涵、特徵及其經濟增長與相關產業理論。
(二)信息產業與經濟增長間的互動關係探討
理論上探討二者的共同影響因素以及這些因素間的作用機制。
(三)宏觀經濟和高技術產業的發展現狀分析
首先通過統計描述方法剖析二者的發展概況,然後借鑑、分析框架,歸納信息產業及其發展環境的優劣勢、機遇和威脅,簡要論證高技術產業發展的可

行性。

(四) 信息產業與經濟增長互動關係的實證檢驗

採用各種檢驗法分析二者的互動關係，最後運用投入產出法通過編製四部門投入產出表分析信息產業的產業關聯性，並對其效果加以計量檢驗。

(五) 結論和對策建議

首先總結了本書的研究背景和研究意義，然後在借鑑國際經驗的基礎上，提出了二者良性互動的對策建議。

二、研究方法

本書主要遵從規範與實證、定性與定量、靜態分析與動態分析相結合的研究方法論。

具體的研究方法如下：

(一) 文獻研究法

查閱相關文獻和資料，為後續研究提供理論依據和數據資料。

(二) 各種檢驗分析法

用於檢驗信息產業與經濟增長間的因果關係以及信息產業與傳統產業間的關聯效果。

(三) 投入產出分析方法

用於分析高技術產業與傳統產業間的關聯性。

第四節　創新與不足

本書研究的創新點主要體現在：第一，視角創新。以信息產業與經濟增長的關係為視角，以研究二者的良性互動為出發點和落腳點，目前這方面的研究還比較少。第二，論據材料更具說服力。數據等材料的差異是現有研究結果存在矛盾的一個不可忽視的因素，本書用信息產業及國民經濟的相關數據進行實證分析，具有更強的說服力。

由於篇幅和數據可獲得性的限制，本書主要以信息產業的整體分析以及信息產業與經濟增長二者的互動關係分析為主，在對信息產業的精確劃分的基礎上研究其與經濟增長的相互聯繫上總有一定的局限，希望在以後的研究中可以更全面、更透澈地解析信息產業與經濟增長的關係。

第二章　中國信息產業發展的現狀分析

第一節　中國信息產業發展概況

一、中國信息產業的發展現狀

20世紀90年代以來，面對全球信息化浪潮和經濟一體化的機遇和挑戰，中國制定了推進信息化建設的一系列戰略決策，黨的十五屆五中全會明確提出，要以信息化帶動工業化，發揮後發優勢，實現社會生產力的跨越式發展。通過組建信息產業部，制定一系列相關產業政策法規，採取多種有效措施，中國信息產業近20年來發展極為迅速，已經初具規模，形成了一定的產業集群。

中國信息產業的發展主要呈現出以下一些特徵：

（一）產業集群初步形成

經過數十年的發展，形成了珠三角電子信息產品產業群、長三角計算機及配套信息產業群、環渤海灣移動通信設備產業群和中西部光電子軟件產業群四大信息產業基地。這四大產業基地在物流、成本、配套等方面都有自身優勢，形成了相應的特色產業集群，占據了中國信息產業的主體，有力地推動了信息產業的整體發展。

（二）以大型城市為依託，初步建立了信息服務業

軟件開發、互聯網絡、信息傳媒等信息服務業主要集中在北京、上海等大中城市和省會（直轄市）城市，這些地區擁有眾多的高校和研究機構，在人力資源和科研開發上擁有其他中小城市所無法比擬的優勢，在融資、交通、基礎設施上也佔有絕對優勢，所以成為信息服務業優先得到發展的地區。

（三）信息產業整體發展水準不平衡

由於經濟發展水準的差異和地理區位的影響，可以看出，中國信息產業集群主要集中於沿海發達地區，中西部發展緩慢，規模很小。

（四）信息產品初級化，產業鏈短

中國的信息產業發展基本上走的是「引進技術和設備→進口關鍵零部件組裝→提高國產化率」這條路，核心技術大多掌握在國外上游公司手中，很多只是利用廉價勞動力優勢進行產品組裝，附加值很低，利潤薄弱，缺乏自己的核心技術，受制於人。應該說，中國的信息產業已經實現了做「大」，但是何時才能實現做「強」才是至關重要的一點。只有依靠自身研發，掌握核心技術，塑造一批具備國際競爭力的跨國企業和品牌，建立從研發到產品到市場的完整產業鏈，才能實現成為信息產業強國的目標。

20世紀90年代以來，信息產業已成為中國經濟增長最快和最具活力的產業部門之一，在國民經濟中所占地位越來越重要，對國民經濟的貢獻也越來越大。1990—2005年，信息產業的產值從793.19億元上升到32,913.4億元，增長了41.55倍，占國內生產總值（GDP）的份額從4.25%上升到18%，增長了4.24倍。信息產業對GDP的貢獻率在1997年以前並不顯著，從1997年以後開始大幅上揚，這反應了近年來中國大力發展信息產業的成果。2001年，由於網絡泡沫破滅，全球經濟走向蕭條，中國經濟雖然保持強勁增長，但是作為經濟全球一體化中的一部分，仍然或多或少地受到了一些影響。自2001年開始，信息產業對GDP的貢獻率有所回落。

二、中國計算機工業發展回顧

中國計算機工業經歷了40多年的風風雨雨，大體可分為三個階段：萌芽階段（1956—1973年）、形成階段（1973—1983年）、發展階段（1983—1998年）。

（一）萌芽階段

1955年，周恩來總理主持制定《十二年科學技術發展規劃》，電子計算機被列為六大重點項目之一。1957年，中國開始根據蘇聯有關技術資料研製第一臺計算機，定名為「103計算機」。1958年6月，研製任務由科學院和北京有線電廠的技術人員共同完成，共生產36臺「103機」。1958年5月，他們又開始研製「104機」，1959年夏完成試製，向中華人民共和國成立十週年獻禮，從而宣告了中國第一臺大型通用電子計算機的誕生，該型機先後共生產了7臺。隨後，工業部門和科學院系陸續研製成功各類型計算機，為核工程、石油、地質地震勘探、氣象預報等提供了關鍵裝備。

1956—1973年，中國基本上是在研製大型機，而由於受到「大躍進」和「文化大革命」的影響，雖然研製出眾多型號，但通用化程度不高，不能批量

生產。20世紀60年代世界上已開始出現系列機，技術主流開始向通用化發展，而中國仍然處於較混亂的狀態，低水準重複，做了很多無用功。

（二）形成階段

1973—1983年，是中國計算機工業形成階段。1973年信息產業部恢復工作，科技局批閱了世界計算機發展資料和市場情況後，痛定思痛，認為必須跟上國際主流技術。1973年1月，第四機械工業部（以下簡稱四機部）召開了「首屆計算機專業會議」，會議決定放棄單純追求提高運算速度的技術政策，確立了發展系列機的方針：面向用戶、面向生產，科研與生產相結合。

會議之後，四機部立即著手組織有關設計研製工作。1973年5月，四機部在清華大學召開方案論證會，決定走與國際小型系列機兼容的道路。這是一個正確而及時的戰略決策，中國軟件技術從此很快得到發展與提高。1974年系列化計算機產品研製取得成功，標志著中國計算機工業走上系列化批量生產的道路。

1974年8月四機部召開了計算機工作會議（簡稱「748會議」）。「748會議」提出了「關於研製漢字信息處理系統工程」的建議，並和機械部（原一機部）、中國科學院、新華社和新聞出版署（原國家出版事業管理局）聯合向國家提出關於「748工程」的報告，經國家計委批准，列入1975年國家科學技術發展規劃，並成立了「748工程」領導小組。「748工程」啓動了中國印刷技術的第二次革命，加速了漢字數字化、信息化、智能化的進程，為漢字進入現代信息社會做出了不可磨滅的貢獻。

1979年3月21日，國務院批覆決定成立國家電子計算機工業總局。這是中國計算機工業成長與發展的重要標志。

1974年四機部決定由清華大學、四機部6所、安慶無線電廠開始聯合研製中國第一臺微型計算機，1977年研製成功，並於當年4月23日通過鑒定。四機部與科學院於1977年4月在合肥召開全國微型機專業會議，提出以微小型機為主的方針。1977年9月，信息產業部計算機工業管理局召開了第一次微型計算機專業會議，確立了加速中國微機工業發展的思路。

（三）發展階段

1984—1998年，為中國計算機工業的發展階段。全國第一次計算機工業計劃座談會明確提出：「按現代化分工看，計算機工業製造、推廣應用和技術服務早已融為一體。」會議還明確提出：「我們必須把推廣應用和技術服務看作計算機工業的重要組成部分。」

1986年9月7日，電子工業部提出建立以第四代機為基礎的計算機產業，

以微型機、軟件、小型及外部設備為重點，明確以「兩微一小」建立核心產業，同時發展軟件和外部設備，重點搞好微小型機產業。微型機的發展，使中國建成能夠批量生產的計算機工業，逐步發展配套設備，如監視器、鍵盤、機箱、軟盤等，並使專業化的板卡生產和應用軟件產業興起。可以說，沒有微型機的開發，中國難以建立自己的計算機工業。

20世紀90年代，中國的各種計算機及配套產品開始進入國際市場，而且進一步發展，在1994年以後成為出口導向型產業。1995年中國個人計算機及配件出口額達49.5億美元，與西方產業列強形成「你中有我，我中有你」的市場格局。1996年計算機及配件出口逼近60億美元。

這一成就一方面靠全行業努力，另一方面也取決於國家政策的支持和改革開放的大好環境。國家對計算機工業發展一直給予特殊支持，實行四項優惠政策，電子工業專項生產發展基金，計算機推廣應用貼息貸款，國家計委、國家經貿委、財政部、國家科委、國防科工委在科研攻關、軍用計算機預研和型號研製、基本建設、技術改造、重點實驗建設、中試線建設等多方面，都給予了巨大的支持。

在發展信息產業方面，各國都需要政府積極參與，從政策到資金支持，沒有哪個國家是因為政府放任不管才使信息產業發展取得成功的。因為高技術產業風險太大，一旦決策失誤，就會遇到嚴重的挫折，如美國集成電路工業的一度衰落，後經政策大力調整扶助，產業才獲重振。

(四) 北京中關村的計算機發展

中國的計算機科學很早就起步了，主要是考慮國防、核試驗、衛星發射等需要，但對老百姓來說，「計算機」還是個陌生名詞，更不用說「信息產業」了。我們現在來回顧歷史時，就會深深感到沒有改革開放就沒有信息產業。在計劃經濟體制下，研究是研究，生產是生產，兩者歸口不同的部門管理，一切都是國家指令；同時，科學家是科學家，生產者是生產者，科學家是萬萬不能有半點商品意識的，而生產者也無須關心研究與開發的事情。整個國家的信息一直到20世紀80年代之前，也都是與外部世界半隔絕的。在這種情形之下，不可能實現計算機科學的產業化。

1. 學者發起的體制突破

1978年十一屆三中全會後，中國拉開改革開放的序幕，中國的計算機產業開始萌芽，並迅速發展，沒過幾年，中國許多老百姓都知道北京有個中關村「電子一條街」，計算機民營企業辦得很火！

中關村的發展是改革開放的結果，它的發展序幕，卻是中國科學院物理所

研究員陳春先拉開的。

1980年前後，陳春先幾次訪美，驚嘆於美國的高科技企業發展。我們忠實地記錄了1980年10月23日陳春先在新成立的北京等離子體學會常務理事會上的發言：

「這次到美國看了幾乎所有重要的核聚變實驗室，跑了十幾個城市，比1978年那次要深入得多。這次是民間學術交流，沒有上次官方代表團那麼些約束和應酬，談得比較深入。我尤其想瞭解為什麼美國核聚變實驗效率那樣高，工程實驗與理論計算結合得那麼密切，整修過程週期那麼短。看來直接的原因當然是實驗技術先進，製造設備和儀器的工廠水準高，實驗室工程技術人員和研究生實驗技術好。但是，如果多問一個『為什麼』，真正的關鍵還在於充滿活力的工廠、學校、研究所密切聯繫的體制。美國朋友向我介紹了所謂的『技術擴散區』的概念。

波士頓周圍的128號公路，大體相當於北京的三環路，但要大些。128號公路兩側有幾百家高技術小工廠，被認為是技術擴散區的典型，我們參觀了其中一家專做超導磁體的小工廠，這是很有啟發性和激動人心的參觀。工廠的負責人原來是波士頓大學的教師（荷蘭移民）。他介紹說，我們有技術、有想法，另外一些人有錢，二者結合起來，就可以創造先進的產品，現在我們的超導磁體已為世界上多家高能物理和核物理實驗室所接受。合同多時我們就多一些工人和工程師，合同少時就只保持20人左右的基本骨幹隊伍，原材料、粗制工藝、化工處理等許多過程都是協作完成的。同行的超導工程專家嚴陸光說：『國內搞一項超導材料和工藝的工程都上千人，產品還不如這裡。』我聽到華裔科學家談到許多動人的高技術創業史，包括就住在波士頓的王安先生。他是一個公認的很成功的企業家。

回程途經舊金山時，又參觀了硅谷兩個小廠。硅谷原來是太平洋和舊金山灣之間的一片柑橘園地帶，在舊金山南邊約60公里。現在已是世界上最大的微電子工業中心，第一臺微計算機就是在這裡的一個青年人的汽車庫裡搞出來的，現在已經是年銷售額數千萬美元的蘋果公司了。硅谷是最大、最典型的技術擴散區。斯坦福典型的老校長特曼教授是有遠見的科學家，他決定把校園的一些土地租給學校教授、專家來辦高技術工廠。現在世界著名的惠普公司就是20世紀30年代斯坦福大學電機系兩個學生開辦的，第一個產品是高頻振蕩器，在自己家車庫裡搞的樣機。

總之，我看到美國尖端科技發展快，人造衛星和托卡馬克（一種核聚變裝置），都是蘇聯先取得突破，美國則利用實驗技術和設備上的優勢很快趕在

前邊。美國高速度的原因在於技術轉化為產品特別快，科學家和工程師有一種強烈的創業精神，總是急於把自己的發明、專有技術和知識變成產品，自己去借錢，合股開工廠，當然這裡資本家賺錢的動機是不能忽視的，但據一些當事人（科學家）談，創業的自我滿足超過了營利動機。我感興趣的是這裡已經形成了幾百億元產值的新興工業，得益的顯然是社會、國家、地區。相比之下，我們在中關村工作了 20 多年，這裡的人才密度絕不比舊金山和波士頓地區低，素質也並不差，我總覺得有很大的潛力沒有挖出來。的確，我們社會主義的經濟條件是根本不同的，我們的科技人員也不是想賺錢，而是想多做實際貢獻，不滿足於發表文章，開成果展覽會。我們北京等離子體學會有搞核聚變的，也有搞低溫等離子體應用的。搞核聚變過程發展了很多新技術，可以用來為工廠和其他的科研單位服務，至少可以小批量生產，免得重複進口。我過去搞激光，開始差距不大，後來越來越大。現在我們自己需要的激光器，還得用外匯去進口，實在覺得不是滋味。至於低溫等離子體，就更應該結合工業應用發展，首先應該成為一種有用的工業技術。

上周我在科協向田夫同志匯報了這些想法，他很希望我們這個新成立的學會能帶個頭，組織科技人員為『四化』多做貢獻。外國好的經驗可作為參考。科協的態度是，凡有利於『四化』的，我們都大力支持，沒有經驗可以在實踐中摸索。因此我們提出也成立『先進技術發展服務部』的設想，而且我們看到在外地已經有了類似的組織。」

陳春先研究員高瞻遠矚，敢說敢干。1980 年 10 月，創辦了「北京等離子學會先進技術發展服務部」，其目標是把相關科技成果直接轉化成現實生產力，這可以說是中國高技術企業的雛形。

另一方面雖然 1982 年 10 月，黨中央和國務院正式提出「經濟建設要依靠科學技術，科學技術工作必須面向經濟建設」的基本方針，但對於陳春先的創業行為，社會仍議論紛紛，他本人也受到中科院物理所某些領導的不公正對待。對其他科技人員辦企業，有人嫉妒「發橫財」，有人誣告「投機倒把」。

1983 年 1 月，中央有關領導同志就中關村的爭議作了批示，肯定了中關村科技人員對這一新生事物的積極探索。

科技領導小組很快拿出了大力支持陳春先等一批開拓者創業的政策，並對他們的勇氣和先進事跡加大了宣傳力度。

2. 民營企業的生命力

伴隨著中國改革開放的坎坷歷程，中關村的民營高技術企業從無到有，以其特有的生命力，開始了艱辛的創業歷程。

1983年4月,「先進技術服務部」發展成為一個民營高技術企業——華夏新技術開發研究所。

1983年5月,由中科院與海澱區聯合創辦、由陳慶振等人領辦的第一家高技術企業——科海新技術開發公司宣告成立。

1983年7月,王洪德等人聯合創立了北京京海計算機機房技術開發公司。

值得一提的是,當時的「京海」公司艱苦創業,發展很快,卻有人繪聲繪色地把長篇誣告信一直捅到了中央。1983年12月,中央派7個檢查組25人進駐「京海」,全面核查財務與公司管理。「京海」坦然接受,身正不怕影歪,真金耐得火煉。1984年4月,中央檢查組公布結果:「京海公司方向是對的,分配是合理的,不存在任何違法行為。」「京海」終於得到了公正待遇,中央也借此深入瞭解了民營企業,決定大力支持像「京海」這樣的企業!中央檢查組進駐「京海」這4個月,是中關村氣氛最緊張的一段時間,而檢查組的意見一公布,中關村一片歡欣雀躍。此後,中關村新開辦的企業數猛增。

1984年5月,中科院計算中心工程師萬潤南等7人與四季青鄉聯合創辦了「四通」公司。

1984年10月,由彭偉民、王小蘭等人創辦的「北京時代新技術公司」成立。

1984年11月,中科院計算所柳傳志領頭創辦了北京計算機新技術發展公司,這是「聯想」的前身。

1986年8月,樓濱龍等人領頭辦的「北京大學新技術公司」成立,這是「方正」的前身。

到1986年年底,中關村各類開發性公司已近100家,逐步形成了聞名中外的中關村電子一條街。1986年12月,《人民日報》以「北京中關村一場悄悄變革,中國硅谷正在這裡孕育」為題,向社會各界宣傳報導了「中關村電子一條街」的成長與發展情況。

1986年3月,在4位著名的老科學家王大珩、王淦昌、陳芳允、楊嘉墀的積極倡議下,中國制定了《高技術研究發展計劃綱要》,簡稱「863」計劃。這個計劃的指導思想是:為縮短中國在高技術領域同世界先進水準的差距,首先在一些重要領域對世界先進水準進行跟蹤,力爭有所突破。這裡的重要領域就是指以信息技術為核心的生物、航天、激光、自動化、新能源、新材料這七大技術。繼「863」計劃之後,1988年中國又制定了一個發展技術產業的「火炬計劃」。這個計劃的主要宗旨是:使高技術成果商品化,高技術商品產業化,高技術產業國際化。

1987—1988 年，隨著國務院發布進一步推進科技體制改革的決定，提出進一步搞活科研機構，進一步改革科技人員管理，放寬科技人員的「雙放」政策，同時由於國家科委、北京市政府、中國科學院和海澱區政府正確的領導和大力支持，中關村電子一條街的發展出現了勃勃生機。在這兩年中，中關村的高技術企業發展到了 400 多家，並在實踐中走向成熟，逐步形成了有特色的技工貿一體化發展模式。

1988 年年初，中央辦公廳組織聯合調查組，根據「十三大」提出的生產力標準，對電子一條街進行了全面的調查與總結，肯定了中關村高技術企業的方向，並提出了興辦中關村新技術開發試驗區的建議。同年 5 月，國務院正式批准發布《北京市新技術開發試驗區暫行條例》，決定在中關村地區正式建立北京市新技術產業開發試驗區。這是中國第一個國家級高技術產業開發區，它標誌著中關村高技術企業從此進入了不僅合理而且合法的正常發展階段。

1989—1991 年，儘管全國範圍內存在經濟調整與市場疲軟等因素，中關村的高技術企業仍持續發展。1992 年年初鄧小平南方談話和 1992 年黨的十四大提出了建立社會主義市場經濟體制的目標，為中關村地區的興盛注入了新的活力，高技術企業的發展更為活躍。到 1994 年，中關村地區有高技術企業 4,229 家，取得了技工貿總收入 142 億元、工業銷售產值 60 億元的驕人成績。聯想、四通、方正、京海等 16 家公司產值已超億元，成為技術含量高、產業規模大、具有較強的研究開發和市場開拓能力的大型高技術企業。聯想微機、方正的電子排版系統、藍通的大屏幕、時代的逆變焊機達到了國外同類產品水準，並逐步打入國際市場。

3. 中關村的啟示

回顧這段簡短的歷史，可以看出兩點：第一，在高技術企業興起發展的背後，是改革開放政策或政治意志的驅動起了重大作用。因此，如果說市場經濟條件下的企業有著自身發展的規律和軌跡，那麼首先將其推進這一軌道的，則是政治的第一驅動。第二，不論是從本質還是從現象看，中關村企業的創業實際上實現了兩個方面的突破：一方面是企業組織上的突破。中關村企業在中國首次實現了無行政干預的完全自主經營、自負盈虧的企業組織，即民營。這種企業組織是真正市場經濟意義下的行為主體。另一方面是科技體制上的突破。這些企業組織把學府大院裡的科學技術活動及成果，在中國首次自主地拿到市場上來謀求商業盈利。因此，中關村的創業實際上是實現了社會運作機制的創新。

(五) 民族信息產業的振興

1. 雄關漫道

我們過去常說「以市場換技術」，結果快十年後終於明白，市場不一定換來真正的核心技術。我們走過的路，實際是「以市場換資金，以資源換技術」。程控交換機是國家信息化建設的基礎硬件，我們在十年前就與德國西門子攜手在上海投建程控交換機生產廠，十年來一直同西門子保持了比較好的關係，我們花了不少錢，陸陸續續買西門子交換機的核心軟件，到最近總算快買全了；自己邊琢磨邊跟著人家有一招沒一招地也學了十年，現在總算基本掌握了程控交換機的技術，但還不具備自行生產的能力。這就是信息技術落後的代價，但這在「以市場換技術」的諸多項目中，已經算是比較好的了。在國際技術流動中，有這樣的規律：通用型或是快過時的技術，發達國家一般採用技術轉讓的方式，即賣技術；若是專有型或新技術，他們往往採用投資合作的形式，只在發展中國家裝配或生產外圍設備，核心部分仍在本國生產，嚴格控制技術轉移。

所以，核心技術和最新技術只能靠自己搞出來，買是買不來的。「落後就要挨打」，這是世界幾千年來都沒變過的法則。民族國有信息產業發展固然有許多歷史遺留的不利條件，但政策環境的失當和企業本身的惰性始終是被動局面的主導因素。

2. 技工貿一體化

這是中國高技術民營企業在經營機制上的「發明」，也可以講，是一種無可奈何有中國特色的「發明」。

「技」指技術開發，「工」指產品生產，「貿」指代理銷售國外產品。國外較大的高技術企業，對於這三個經營領域是區分得比較清楚的，總是選一兩個重點，很少全面出擊。比如 IBM 主要是從事「技」和「工」，英特爾也是如此。另外有的公司就專門開發某些技術，而委託別人生產。但在中國，企業成長的環境不同。技術開發要有雄厚的技術累積，這裡的「技術」，可不是鑒定會上「國內首創，世界一流」的評語所說的技術，而是適應產業潮流又在市場實戰中錘煉出的技術。我們國家的「首創」與「一流」多如牛毛，但經得起市場考驗的技術卻鳳毛麟角。於是，技術的累積既要冒市場風險，又要有研究資金保障，現階段中國企業在這方面捉襟見肘。而這些民營企業，一開始就不要國家一分錢，「自籌資金、自負盈虧」，在市場中成長很不容易，更別說日後要形成規模化的產品生產能力了。但「技」與「工」又是這些民營企業高技術企業家魂縈夢繞的事，於是，只好利用中國市場大的特點，以「貿」

迅速累積企業實力。從某種角度講，這是企業發展上的委曲求全。想想，有些國營高技術企業得到國家的大力支持，居然無所事事，而這些獨立自主的民營企業卻艱難起步，在市場中打拼出了一片天下。

當然，許多民營企業在嘗了「貿」的甜頭後，反而更不注意技術開發了，往日雄心被眼前實惠所消磨，心安理得地做起了外國人的「買辦」，而還有一些民營企業卻沒有忘記自己的責任與使命，加大開發研究力度，積極走產業化道路，終於打出了屬於中國人自己的品牌，不但在本國市場上與外國貨一比高低，而且現在還敢於去國際市場上拼一拼。

「技工貿一體化」是有中國特色的民營高技術企業成長方式，這種現象至今仍是主流。它背後所反應的東西，不能不讓每一個關心民族產業發展、關心中國前途命運的人深思。

3.「二次創業」的含義

這裡的「二次創業」不是指創業兩次，而是有它固定的含義，是指我們的民族企業為適應改革開放的深入、適應企業規模擴大、適應國際競爭壓力而自己提出的號召，希望拿出當年創業的勇氣和魄力來，正視企業內外部環境的變化，勵精圖治，再上新臺階。

這個號召是四通集團總裁段永基幾年前針對高技術企業發展提出來的，馬上在中關村引起強烈反響。隨後，其他行業的民營企業也紛紛回應，最後「二次創業」上了《人民日報》，成了許多場合熱烈討論的話題。要理解「二次創業」，我們不妨把目光聚在中國信息產業的主要中心地——中關村，看看如何從「一次創業」走到「二次創業」。

從陳春先「下海」到段總此番號召，都屬「一次創業」時期。這個時期，實際上是個壯著膽子下海闖、半識水性猛撲騰的時期。

中國的高技術企業靠「四自」原則起家，在艱苦的「一次創業」中，創造了「技工貿一體化」的企業經營模式，以市場為導向，以技術為依託，自我約束、自主發展，走出的高技術發展道路，既符合市場經濟規律，又適應中國體制轉型時期的特殊國情。然而，在「一次創業」中成長壯大的高技術企業，在新的歷史階段遇到了難以迴避的新矛盾。主要表現在：

（1）企業產權制度的改革滯後，造成了創新活力衰退、企業內部動力不足；

（2）原有的企業管理規範難以與現代市場經濟接軌；

（3）資金短缺突出，金融市場中缺乏風險資金；

（4）企業缺乏國際市場競爭意識，等等。

為此，北京市科委、試驗區負責部門組織有關專家學者、產業界人士，探討「怎麼辦」。方方面面的意見，經過提煉，便成了「六化」的發展策略。

「資本股份化」被認為是二次創業的體制基礎。高技術是風險技術，所以初創的高技術企業，常常以獨資、普通合夥、有限合夥等風險企業的形式出現。這時，創業者核心團體承擔著無限責任或主要責任，這還不是現代公司制的企業。按高技術企業成長的規律，它至少有兩個重要的轉變，第一次是當風險企業初具規模時，改造成有限公司，將創業者的部分人力資本轉變為貨幣資本；第二次是具備一定實力時，完成從封閉公司向開放公司的轉變，即通過公開招股形式，將全部人力資本轉化為貨幣資本，於是，形成有效的法人治理結構，這也是在國際市場上融資、產權交易的必要條件。

「技術創新化」被認為是二次創業的動力源泉。技術含金量是進入國際市場的籌碼，我們的信息產業要想成為出口導向的產業，非得實現持續的技術創新不可。

「管理科學化」被認為是二次創業的組織保障。一次創業的「自願組合」使得企業的管理方式是以親情為基礎，是「人合」，這保障了創業的成功，但這畢竟是一種原始的管理方式。現代企業終將由「人合」走向「資合」。我們不是講搞公司就不要親情，而是實踐證明，靠親情管理不了一個大公司。有意思的是，我們完全可以在制度化、規範化的現代管理下，建立親情的企業文化。

「產業規模化」被認為是二次創業的發展方向。規模化生產可以使成本降低，這是競爭中很重要的一點。

「融資多元化」被認為是二次創業的現實選擇。現在，國家的金融機構已經轉軌，融資渠道變多。而多元化並不簡單地意味著可以多借來錢。真正的經營者會利用金融手段，分析找到企業的最佳資本結構。這樣，一方面企業的經營更安全了；另一方面，企業可以吸引來更多的投資者，使企業的市場價值提高，即股價上漲。

「經濟國際化」被認為是二次創業的必然趨勢。我們要主動而不是被動地面對國際市場。經濟國際化也不僅僅是指把東西拿出去賣了，其實，國際市場上有信息、有價格更低廉的資源，都要為我們所用。首都鋼鐵集團在美國買了別人的虧損企業，我們卻經營好了，又買了南美國家智利的鐵礦山。這就是主動的經濟國際化，這是競爭力的體現。

4. 政府如何推動產業發展

對於產業發展來說，政府的作用從來都是不容忽視的，只不過由於社會背

景與運作機制的不同，實際效果會差別很大。比如日本的產業奇跡相當程度上得益於政府的產業引導與推動，真正實現了「力爭上游、多快好省」，而歐洲在信息產業發展中，政府投了巨資卻收穫寥寥。可見，儘管所有的政府都想達到一個激動人心的產業目標，但並非所有的規劃都能如願以償，有的甚至起了負面作用。

歐洲在信息產業上的節節敗退，使西歐信息首腦們在比利時首都布魯塞爾的一次國際研討中，就十幾年來信息產業政府的有效性進行了一場大辯論。「開明派」認為歐洲各國政府和歐共體對信息產業的政策援助是沒什麼用的，而「統治主義者」卻認為財政資助有利於西歐信息產業的生存。這場辯論輸贏未定，其結果倒是使公眾和政治家們開始關注花費在「尤里卡計劃」「歐洲信息技術研究和開發戰略計劃」「歐洲亞微米硅聯合項目」等研究開發上的數百億美元。批評者聲稱，「歐洲神經網絡系統」等新項目無非是對納稅人的又一榨取手段而已，他們懷疑某些計劃對信息技術革新的實質性作用。批評者還認為幾大計劃也未使歐洲形成與日本抗衡的產業能力，相反，在計劃的供養下，某些地位鞏固的廠商過著舒適而不積極進取的日子。比如法國的布爾公司從 1983 年起陸續得到政府的直接援助達 13 億美元，但到 1990 年，它卻宣布年虧損達 12 億美元。

國際學術界越來越關心政府對技術創新環境的培育能力，並認為這種能力才真正有助於形成某區域或國家的競爭優勢，這種觀點反對政府對高技術企業一味地扶助和盲目干涉，這是很有道理的，也是政策思想的一個解放。

日本政府在產業發展上尤其有一點值得我們學習——不一味地求強求大，而是抓住高技術本質，制定以鼓勵技術創新為核心的政策。這樣，日本出現了很好的技術創新氛圍，也有了很多有活力的中小企業，它們在這樣或那樣的很專業的技術領域裡做到了世界一流。於是，日本既將高技術的風險分散化，又在整體上始終保持國家的技術優勢。可見，日本鼓勵創新的政策比歐洲的直接投入資金的政策要好，後者只是「輸血」，而前者卻培養了「造血」機制。

(六) 中國的「信息國道」一角

信息化社會裡，信息基礎設施的建設是命脈。

在美國政府的「信息高速公路」計劃提出來後，中國的有關部門和人士就中國的信息產業的未來發展議論紛紛。一種觀點是中國也應開始建設自己的信息高速公路；另一種觀點則認為目前國力有限，跑汽車的高速公路尚不多，上馬「信息高速公路」是打腫臉充胖子。兩種觀點在各種場合都展開了爭論，各有其理。這些爭論產生了一個意外的重要作用，那就是在政府部門和高層人

士中普及了信息時代的概念，昭示了信息時代的挑戰和機遇。

很快，由國務院、國家計委、國家科委等單位牽頭組織了專題研究，並基本達成共識：目前中國建設「信息高速公路」的條件還不具備，但「信息國道」的建設卻已經到了刻不容緩的地步！於是，1993年在電子工業部的倡議下，作為中國信息基礎設施建設的三大重要方案被制定出來，即致力於海關信息的「金關」工程、致力於全國企業信息化建設的「金橋」工程，以及致力於全國銀行金融電子化（主要是推廣和促進信用卡的使用）的「金卡」工程。這就是有名的「三金」工程。

「三金」工程的計劃一經宣布，馬上引起了各界關注：對於中國信息產業界來說，他們看到了政府大規模開拓信息產業，加速信息化步驟的決心，這是中國信息產業的新前景；對於國外廠商來講，這樣大的舉措無疑意味著巨大的商業機會，特別是在當時，中國的高技術企業在技術、經驗上與外商還不能直接抗衡；對於其他部委來講，「三金」工程的實施也給他們帶來了一個極好的樣板，即怎樣結合自身實際來面對信息產業的挑戰，後來不斷出現的「金衛」「金農」等一系列小金字號工程都可以說是在最初的「三金」工程的帶動下應運而生的。

從目前各項工程的進展來看，取得的效果都大大地超過了原來的預料。直接的收益是信息化程度、辦事效率的提高，間接的收益還包括給民族信息業一次極好的發展機會以及鍛煉了大批的隊伍，將信息社會的概念廣延到社會的各個階層。下面是金字系列工程實施以來以及各部委信息化建設進程的粗略統計。

1.「金關」工程——海關信息化建設

自「三金」工程啟動後的七年中，中國海關信息基礎設施建設的投入以每年30%的速度增長，累計投入近6億元，而且估計在未來的幾年中投資力度將進一步加強。目前海關裝備有小型機100餘套，微機近5,000臺，終端近8,000臺，普及率達到了每3個人就有1臺終端或微機的水準。並且海關還自主開發成功了自動報關係統和電子數據交換系統（Electronic Data Interchange, EDI）。目前該系統的通關用戶達350家，日處理關文5,600多份，占目前海關工作量的15%。海關總署和40個直屬海關的通信通過租借的衛星信道以及自建的衛星地面站，構成了一個初具規模的海關通信專用網絡。

最近，海關還成立了海關信息化工作領導小組，負責領導、協調未來5~10年的中長期海關信息建設規劃，又稱「H2000」工程。屆時，海關的信息化程度將邁上一個嶄新的臺階。

2.「金稅」工程：稅務系統信息化建設

稅收是國家的經濟命脈，稅務系統信息化是經濟發展的必然要求。特別是中國實現新稅制後，國家迫切要求稅務系統提高信息化程度，提高工作質量和效率，堵住偷稅漏稅的漏洞。稅收系統的信息化進程較之銀行等行業來講起步比較晚，可以說是「七五規劃，八五起步，九五鋪開」。截至1995年年底，全國實現稅收徵管計算機化的單位已經有6,903個，1995年用計算機處理的稅收業務已經接近2,000億元。「九五」期間中國稅收信息化工程的建設目標是到20世紀末，全國要建成完善的四級稅務計算機管理網絡，使稅收工作在技術手段、信息處理能力和管理方面適應新時期的要求。具體而言，就是要建立全國性的稅務計算機網絡和以300個城市稅務計算機網絡為主體的稅務信息系統，並在全國國稅系統，超過40%的地稅系統實現稅收徵管的計算機化。預計全部投資將超過50億元。目前正在建設的重點是增值稅計算機稽核系統與防偽稅控系統的推行、進口退稅計算機管理工程的建設、個人所得稅計算機管理工程建設、預計稅務系統辦公自動化網絡的建設。毫無疑問，稅務系統將成為繼銀行之後的又一大型信息產品市場。

3. 中國銀行的信息化建設

1991—1996年，中國銀行用於計算機以及配套設施建設的費用共達40億元人民幣。在這樣大的投資力度下，中國銀行建立了覆蓋全國的計算機網絡，使全行業90%以上的機構網點實現了電腦網絡應用，分理處的對公業務實現了100%電腦化，一、二級分行的業務也實現了100%電腦化。

「九五」期間，中國銀行的工作重點在建設有中國銀行特色的「信息高速公路」。硬件上包括以總行為中心，連接海內外分行機構和國內外金融商業網絡的中國銀行環球計算機通信網；軟件方面則要求在統一的數據基礎上完成以會計核算系統、收付清算系統、國際結算信用卡系統、辦公自動化系統、全球信息管理系統為代表的開發，全面支持中國銀行的各項業務。這些系統建設的完成，將使中國銀行與發達國家商業銀行處於同一技術起點上，使其更好地投身於國際金融市場中。

4. 國有資產管理信息系統

經過3年多的建設，中國國有資產管理信息系統，已於1997年開始平穩運行。

該系統由國家國有資產管理局組建，擁有10多個大型數據庫和網絡系統，是在國有資產管理專業數據庫和國家、省、市三級計算機網絡系統的基礎上開發而成的，包括國有資產管理辦公網、資產評估信息網和產權轉讓信息網三個

分系統。目前,全國各省級、部分地級國有資產管理部門、資產評估機構和產權交易中心已與這個系統聯網,省市內二、三級網絡系統建設也開始啓動。

據瞭解,國有資產管理辦公網主要實現中央與地方之間的信息傳遞,其中大型數據庫主要有全國行政事業單位財產清查數據庫、全國企業清產核資數據庫,可提供全國107萬個行政事業單位和30萬個公共企業的級別數據,並可按地區、部門和行業進行檢查和統計分析。

5.「金交」工程:交通信息化建設

「八五」期間,交通信息化工作是以管理信息系統建設為主,「九五」期間的重點則放在了交通運輸的信息化建設上。目前,中國高速公路的建設投資約為6,000億~7,000億元,這筆投資中的10%將用於配套設施的建設,重點就是交通信息化和通信系統的建設。目前,中國的交通運輸事業開始進入了發展綜合運輸體系的階段,公路、水運、鐵路和航空的比例趨於合理。這些都驅使著交通運輸信息化工程的全面鋪開。交通部在「九五」期間擬投資一個億用於部委和下屬機關的信息建設,一個工作重點是建立省內聯網的養路費徵管系統,預計僅此項目就能堵住每年數百億的漏繳少繳金額。採用先進的磁卡、IC卡或光卡的高速公路收費系統已經成為多個商家關注的焦點。另外地理信息系統(CIS)、全球定位系統(GPS)、智能運輸系統(ITS)等也得到了不同程度的關注。

6.「國土檔案」:土地信息系統的建設

為了給中國的第一塊土地建立好檔案,管好、用好國家的土地,1996年國家土地管理局特地成立了信息工作領導小組辦公室,旨在通過行政管理手段,來監督全國土地信息系統建設的順利執行和實施。其實,從1984年起,國家土地管理局就開始了這方面的開拓性工作,最富有成效的是花了10年時間,耗資13億元,對中國的土地現狀做了一個全面的調查統計,並建立了中國土地利用現狀的數據庫。1995年5月出抬的「國家土地信息系統總體方案」要求各地以總體方案為原則,結合地方實際逐步發展、完善各土地信息系統的建設。「九五」期間的大動作包括把全國2,800個縣中的500個建立起地籍系統,平均每20平方公里形成一個信息網絡,並建起數據庫,預計該項投資將接近3億元。

7. 風雲預測:氣象事業的信息化建設

中國是一個自然災害頻繁的國家,氣象系統擔負著為國家防災減災決策提供重要依據的任務,是國家的要害部門之一。據統計,在氣象事業上每投入一元錢,就能避免40元的經濟損失,因此氣象事業的信息化建設自然開展得有

聲有色。「八五」期間國家對中國氣象局共撥款16.8億元，其中僅在計算機設備上的投資就高達1,200萬美元。「八五」期間，全國範圍共建立了2,000多個氣象觀測站，初步建立了國家氣象中心、區域中心、省級站和縣級站的四級氣象監測體制。其中國家氣象中心是該監測網絡中樞，不但負責對全國的天氣進行分析和預報，還擔負著世界氣象組織亞洲區域的通信樞紐的角色。目前，國家氣象中心裝備了著名的國產巨型機銀河－Ⅱ計算機以及多臺國外高速計算機，負責中期數值天氣預報分析，為防災減災工作做出了傑出的貢獻。

1998年，中國完成氣象VSAT信息網的全面建設。另外「九五」期間的兩個重大舉措是建立遍布2,000個觀測臺的大氣探測自動化系統，以及建立國家氣象中心的短期氣候預報系統，實現從15天到半年的氣象預報。這三項工程的總投資突破20億元。

8. 專利信息化建設

有人講專利制度是為「天才之火澆上利益之油」，這是一個形象的比喻。中國專利局主要負責全國專利申請案的審查、授權、保護以及專利信息的傳播。據統計，1996年中國專利申請案超過10萬件，審核一份申請所需的業務週期已不能滿足新的工作要求。

專利局的信息化建設自1985年開始，在德國政府提供的技術援助的基礎上，專利局自主開發了中國專利管理系統和世界專利檢索系統，實現了審批流程的初步計算機化。1997年，德國政府再次向中國專利局提供貸款2,800萬德國馬克，由德國西門子公司負責中國專利局的信息化建設。這是中國專利局信息化進程中一個全新的飛躍，預計全部建成後可以實現審批過程的全部無紙化，從而將審批週期縮短為1~2天，達到發達國家的水準。下一步的工作就是將全部的2,600萬篇專利文獻電子化，提供遠程網絡查詢。

9.「金航」工程：航空工業信息化建設

「金航」工程是中國航空工業總公司面向全行業的自動化建設項目，由三個部分組成：一是基於網絡環境的計算機輔助設計、製造系統；二是航空工業信息管理系統；三是航空工業綜合信息網。這項工程涉及總公司內遍布全國的22個單位，第一期的投入就高達4億多元。對於「金航」工程，航空工業總公司的領導極其重視，由主管副部長親自掛帥成立了「金航」信息工程指揮中心，負責項目的總體設計、規劃、協調和管理。

這項工程實現了航空工業的異地聯合製造、無紙設計和製造以及內部指揮信息、調讀信息的有序流動，為中國的航空工業發展注入強勁的動力。

10. 鋼鐵工業信息化建設

1996年，中國的原鋼產量超過了一億噸，位居世界第一。但中國目前還

只是鋼鐵大國，而不是鋼鐵強國，在質量、品種、規格和單位消耗上與發達國家的差距還很大。目前，冶金工業部信息建設的目標就是讓信息技術為一億噸鋼增值。

「九五」期間，鋼鐵工業的信息化建設要上一個新臺階，具體而言包含三個部分：首先是生產過程的控制系統，將自控技術和計算機技術應用到生產過程的每一個環節；其次是企業管理的信息化，加快企業的節能降耗步伐；第三就是開展鋼鐵工業的計算機輔助設計系統，提高鋼鐵產品的規格、質量和品質。這是一個投資力度在10億元左右的計劃，投資的主體是企業自己，直接的受益方也是企業本身。

三、正確的戰略

中國計算機工業40多年的發展，有成績也有曲折，回顧起來，可以發現有幾個戰略尤其明智。

第一，堅持「以用立業」「抓應用、促發展」的計算機工業發展總方針。

第二，1973年中國正式提出發展系列機，走與國際主流機型兼容的道路。這與日後的國際潮流恰恰合拍。

第三，選擇中文信息處理技術為突破口，發展有中國特色的軟硬件產品。

中文信息處理技術的成功是中國文化事業的一件大事，也是計算機軟件中國化和普及計算機的大事。中文信息處理技術、中西文兼容技術、漢字輸入輸出設備的研製生產是中國的優勢，亦是推廣應用的關鍵。為此組織全國力量實施「748工程」，努力使計算機技術中國化。國際標準局批准由中國主導研製提出的漢字大字符集ISO10646為國際標準，標誌著中國漢字信息處理技術已經走向世界，為漢字文化圈的各國做出了重大貢獻。在開發中文編輯處理軟件的基礎上研製出計算機自動編輯和激光照排系統，經過十幾年的發展，形成了一批有中國特色的漢字處理系統。北大方正的興起就得益於此。

第四，腳踏實地地發展第四代計算機技術和產業。

20世紀80年代中期國際上已普遍採用第四代計算機技術，當時，美國、日本等先進國家已著手進行高級智能化的第五代計算機研製工作。我們怎麼辦？1986年石島會議上明確提出「八五」計劃的目標是「建立以第四代機為基礎的計算機產業」，並認為掌握第四代計算機技術是中國計算機產業生存和發展的關鍵。實踐證明，這一認識是正確的，第四代計算機的有關技術看來在今後10年內還有很大的發展餘地。搞技術與產業，最倡腳踏實地，切忌好高騖遠。

第五，積極發展軟件與信息服務業。

計算機軟件和信息服務業是現代計算機產業的重要組成部分。十多年來全國已成長起了大批軟件公司和系統工程公司，其中國有的、集體的、中外合資的、個體的多種所有制並存。1995年全國已有1,000多家軟件企業、1.3萬家服務企業，軟件產值達68億元，信息服務業產值達77億元。在推進計算機技術的中國化方面，這些軟件企業立了大功。

四、中國信息產業發展與發達國家的比較

縱觀世界各國，其信息產業的發展模式各有不同，選取美國和日本這兩個典型發達國家進行對比，結合中國實際情況，可以找出一條適合國情的發展道路。

美國的信息產業發展模式有著鮮明的美國特色，是將宏觀管理和市場調節相結合。現代信息技術從美國興起，美國在技術和產業發展上都居於世界領先地位，根據美國商務部報告《The Digital Economy 2002》的研究數字顯示，近二十年來美國的信息產業以年均16%的速度高速增長，成為其最大的支柱產業之一。美國信息產業的飛速發展與其發展模式有著密切的關係，通過國家在政策和規劃上的宏觀調控，同時鼓勵企業投資發展信息產業，以間接手段來調控信息產業的發展速度、規模、方向，以企業自由經營投資為主導來推動信息產業發展。

日本的發展模式與美國不同，政府的直接調控占據了主要地位。這種國家干預模式通過國家宏觀政策引導，以家電產業為切入點，培養了一大批耳熟能詳的家電巨頭，推動了信息產業的整體發展，使得日本很快成為和美國並駕齊驅的世界電子信息技術產業大國。韓國的發展模式與日本類似。

縱觀美國和日本的信息產業發展模式，可以看出，美國以市場導向為主，國家適當引導；而日本則以國家指導為主，進而推動市場。這兩種發展模式各有其特色，同時與其本國國情密切相關。美國由於有其發達成熟的市場機制作為基礎，同時有全球領先的技術創新體系，強大的科技經濟實力，所以可以採用這種全面推進的策略，在世界信息技術、信息產業發展中占據領導地位；日本起步較晚，在基礎設施和技術創新等整體實力上都與美國相差甚遠，所以日本採用了國家主導的策略，通過引進先進技術加以消化，逐漸實現了從產品到市場再到技術的發展之路，在短短數十年時間裡便追上了美國。

中國的信息產業發展近二十年來極為迅速，產業規模不斷擴大，綜合實力不斷增強，但是尚未確定一個有效的適合中國國情的發展模式，距發達國家還

有很大的差距。與美日相比，中國的信息產業發展到目前階段有以下不足：缺乏核心技術支持，整體競爭力過低，低水準重複投資建設過多。目前中國信息產業的主體以家電、計算機、通信產業等為主，但是在這些領域中都沒有或很少掌握核心技術，關鍵部件幾乎全靠進口，處於低利潤、低附加值的下游產業，受到美日等上游企業的技術制約很大，總體的發展質量不高。低水準重複投資建設過多，很多地方盲目上馬，導致產能過剩，從而導致盲目競爭，爭相壓價，使原本微薄的利潤進一步壓縮，同時還面臨國外的反傾銷調整的危險。很多中國企業只是起到一個組裝工廠的作用，絕大部分利潤都被美日等上游企業獲得，在高新技術產品市場上，幾乎看不到中國產品的影子。中國信息產業發展雖然取得了長足進步，仍然任重而道遠，盡快確立中國的信息產業發展模式，建立總體發展目標是當務之急。

五、信息產業推動技術創新的機制

經過多年的努力，中國已經發展成為世界上的信息產業大國，但中國技術創新能力與產業的地位不相稱，產業的利潤率較低，還不是一個信息產業的強國。科技創新包括了科學創新（基礎科學、應用科學）、技術創新（高新技術研發、產品改造、產業化、市場化應用）和管理創新等多個環節。在技術創新的環節，中國要提高技術創新能力，成為信息產業強國，首先要從技術創新機制這個根本上進行改進。

（一）各國信息產業的創新機制

1. 全面發展、整體推進的美國技術創新機制

現代電子信息產業從美國興起，美國在核心技術領域始終處於領先地位，並形成了一種全面發展、整體推進的產業發展戰略。美國信息產業的創新機制的特色體現在龐大的研發經費支持，以市場為導向，商品市場與資本市場都很發達。特別是「硅谷」不僅成為美國，而且成為全球信息產業技術創新的搖籃。

2. 引進與獨創相結合的日本技術發展戰略

日本信息產業的創新機制的特色體現則是通過指出信息化戰略目標，並通過一系列信息化、技術、產業和經濟政策，以及第二次世界大戰後的對技術的引進、消化、吸收和創新，成功地走出了一條趕超型發展道路。有資料表明，日本各產業部門從國外購買專利技術的費用總額與消化吸收的研究費用總額之比，平均為 1：7。

3. 國家資助的科研成果無償轉讓和樹立國際品牌的韓國技術推廣機制

韓國信息產業的創新機制與日本非常類似，但其政府的主導作用更為強

勢，為了確保國家龐大的科研經費投入能夠落到實處，韓國建立了透明的科技經費流通管道。科研項目資助雖然集中在國務總理掌管的國家科技部門，但科技研發項目的實施和成果的評價權力歸於獨立的非政府組織。這樣的安排有助於監督政府資金的運作情況，有助於增加透明度，確保納稅人的錢財不被濫用。從 1993 年開始，韓國政府規定，凡是政府資助的科研項目成果，一般應當進行無償轉讓。企業自主研發的科研項目成果，成果的受讓方需要支付成果開發費用的 50%，另外 50% 由政府支付。

4. 優惠政策推動的印度軟件產業發展創新機制

印度是世界上以軟件產業發達為特色的國家之一，這主要歸功於其優惠的政府政策。1991 年開始的「拉奧革新」推行的新經濟政策從根本上改變了印度商業活動的制度環境。新政策中規定：所有軟件企業從國外進口計算機與軟件的關稅為零，企業 10 年內不上繳所得稅；對軟件公司的外匯使用採取了自由兌換，取消了「一事一批」；取消了軟件上市公司股票發行價的控制，還容許軟件企業對員工分配期權。

(二) 中國信息產業技術創新存在問題

中國在「十五」後期就開始提出以企業為主體的改革措施。目前中國與信息產業技術創新不相適應的主要問題有以下幾個方面。

1. 中國正處於科研機制轉型時期，新的技術創新體系有待形成

中華人民共和國成立以後，中國借鑑蘇聯經驗，逐步形成了以政府計劃為中心，以高校和科研院所為主體的科研體制。20 世紀 90 年代，中國開始了主要以促進科技成果轉化為目的的科技體制改革。中國正處於科研主體轉型時期，舊的信息產業的發展機制已經被打破，新的信息產業的創新機制尚未完全確立。中國的技術開發管理體制尚未衝破審批制和計劃形態的框架，企業還沒有真正成為創新主體。信息產業技術創新面臨科研主體（獨立所→企業）、科研內容（實驗室技術→生產技術、傳統技術→高新技術）和科研管理（以獨立所為核心→以企業技術中心為核心）的戰略轉變，建設以企業為主體的科技創新是中國信息產業現代化的必由之路。

2. 知識產權、標準化工作急需加強

進入 21 世紀，知識經濟和經濟全球化影響日益加深，知識產權規則國際化日益明顯，世界未來的競爭在某種程度上就是知識產權的競爭。發達國家和跨國公司通過實施知識產權及標準戰略壟斷市場，通過戰略聯盟、相互授權共同組成技術壁壘，阻止更多公司進入，對後進國家形成了強大的技術障礙。由於歷史上的原因，中國在大多數傳統工業領域，已經失去了左右國際標準的機

會。中國信息技術水準與發達國家相比儘管有很大差距，核心技術受制於人，但信息技術標準是當今世界技術標準爭奪最為激烈的領域，仍是中國最有希望實現知識產權、標準跨越式發展的領域。

3. 技術創新投入不足，用於支持企業研發的比例偏低

儘管中國政府和企業在最近幾年不斷增加研究開發的投入，但信息產業部不掌握信息產業科技研發投入資金，中央、地方與部門的管理條塊分割，尚未形成合力。

國家引導和鼓勵企業創新配套政策不健全；在政府對科技的投入中，用於支持企業研發的比例偏低，科技專項資金尚未形成以企業為主體參與國家科技計劃及有關研究項目的機制；企業對創新重視不夠，自身研發投入不足；服務於技術創新的仲介機構建設不完善。2011年中國百強企業中大部分企業研發投入比在5%以下。

4. 不重視消化、吸收和再創新，重複引進的問題沒能得到很好的解決

長期以來，中國對信息產業技術裝備盲目、重複引進的問題沒能得到很好的解決。由於不重視消化、吸收和創新，致使國家每年技術裝備進口額持續上升，不僅造成國家資源的巨大浪費，而且從某種程度上抑制了國內自主創新能力的提高。據國家有關部門一項調查表明，在中國的技術引進中，設備和技術重複引進的占80%以上。發達國家引進技術與消化吸收經費投入比一般為1：3，而目前中國僅為1：0.06，這種只注重引進技術而忽視吸收消化和再創新的模式，只能導致在技術上永遠落後於人。

(三) 中國信息產業聯動技術創新機制

從1993年開始，中國開始了以引入競爭為主要特徵的信息產業改革和國務院機構重組。電信科學技術研究院、武漢郵電科學研究院等一批科研院所先後轉制為企業，營運商經過了幾次的拆分和重組。在20世紀90年代，北京郵電大學、電子科技大學等一批高校先後脫離信息產業主管部門，推動了信息產業的跨越式發展。從某種意義上講，20世紀八九十年代的政企不分，是一種最為緊密的政、金、用、產、學、研聯動創新機制，為這種跨越式發展積蓄了充足的潛能。

通過對各個國家的創新機制進行綜合的分析研究，結合中國信息產業發展的具體實際，本書提出了在經過前期的拆分，信息產業進入了市場競爭環境之後，進一步尋求信息產業技術創新鏈中各個要素增進有效配合的「政、金、用、產、學、研」聯動的信息產業科技創新的新機制。通過轉變政府職能（即所謂「政」），多渠道促進資金的有效投入（即所謂「金」），推進信息

產業的應用（即所謂「用」），創造信息產業發展的良好環境；通過鞏固信息製造企業的創新主體地位（即所謂「產」），加強大學、研究院對信息產業科技創新的支撐力度（即所謂「學」「研」），促進中國信息產業創新能力的全面提高；以科學的發展觀為指導，以增強自主創新能力為核心，調動一切有效資源，促進產業結構調整和增強核心競爭力，實現信息產業由大到強的戰略目標。「政、金、用、產、學、研」聯動的信息產業科技創新新機制如圖2-1所示。

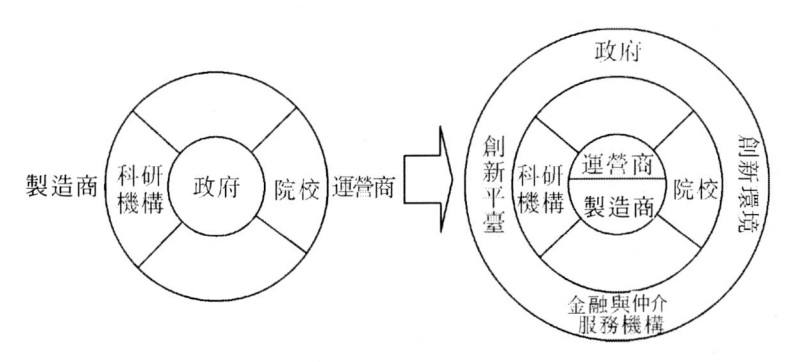

圖2-1 「政、金、用、產、學、研」聯動的信息產業科技創新的機制模型

要建立「政、金、用、產、學、研」聯動的信息產業科技創新機制並推動其有效實施，可採取以下具體措施：

1. 制定以創新為核心的信息產業技術發展戰略

不同國家在不同時期的優先領域各不相同。與眾多發達國家和發展中國家相比，雖然中國已明確提出實施自主創新戰略，促進創新型國家的建設，但是尚未形成明確的「信息產業科技創新戰略」。明確政府和企業科技投入的流向，給予一些關乎國家發展的重大科技項目穩定的經費渠道。2010年，在美國政府推動「寬帶運動」的白皮書上，有觀點認為政府應該擔當這樣幾種角色：率先使用的示範者、大量需求的激發者、創造消費的鼓勵者、面向未來的投資者、遠程教育的支持者、政策障礙的排除者、信息安全的保障者。

2. 建立共享、保護中國信息產業知識產權的「專利策略聯盟」

雖然在電子信息產業領域尚有許多標準的空白地，但在一些信息技術方面中國已具備與國外一搏的實力。中國目前已經出現TD-SCDMA、LAPS、MSR、EVD、AVS、閃聯等運作中的標準。中國信息技術標準戰略的成功，必將帶來中國電子信息企業群、產業群和國家經濟實力的全面提升，有助於實現從電子信息大國到強國的轉變。中國還需要建立和完善行業協會知識產權管理機制，強化企業聯合的知識產權保護對策，避免國內企業的自相消耗。同時，政府應

該加大教育培訓力度，讓企業知道知識產權在市場經濟中的角色和作用，瞭解國際貿易規則中的知識產權政策。

3. 盡快設立促進中小信息企業技術創新的「風險投資基金」

當前中國政府、營運商、製造商可以共同設立「信息產業的創業風險投資基金」，針對具有中國自主知識產權的技術產品，如 TD-SCDMA、FTTH 等進行投資，共同分享自主創新的成果，形成中國信息產業的創新和發展的共同利益體。

4. 重點建設一批國家級的信息產業創新基地

打破部門和區域限制，發揮科研機構和大學的研究優勢，促進其與企業聯合開發，重點建設一批國家級的信息產業創新基地。根據信息產業科技發展需求，組織實施一批重大科技項目工程，建立起若干信息產業技術創新基地，形成技術和產業的集聚集群效應，推動產業化進程。特別是重點建設「武漢‧中國光谷」等幾個國家級的信息產業創新基地。

5. 促使中國營運商承擔應盡的技術創新使命

在通信發展的起步階段，郵電部曾將電話初裝費的 5% 作為通信技術的科研基金，為中國通信技術的發展提供了很好的支撐。電子製造商和電信營運商處於信息產業創新、發展的核心，同時製造商又處於核心中的基礎，沒有強大的本地製造商就不可能有強大的本地營運商。近 10 年來中國信息產業發展鏈中，營運商的地位在不斷上升，如中國移動通信在整個電信行業中排名第一，市值高達 1,100 億美元。然而，中國的營運商在信息產業的創新體系中沒有體現出與其規模相稱的地位，沒有在創新中起到帶頭作用。要發揮其在自主創新方面的帶頭作用，就需要鼓勵營運商設立研究院，甚至直接要求這些企業按照一定的比例設立創新基金，以供整個信息產業的自主創新使用。

6. 實施造就信息產業的「民族知名品牌」

隨著中國市場的全面開放，應該以開放的市場換取中國企業的發展和進步，造就出中國的世界知名企業和品牌，而不是帶來外國品牌對中國市場的壟斷。社會要給予國產品牌公平競爭應有的地位，政府要打破外國品牌的壟斷，打破專利、標準等方面的壁壘，政府採購也應多給民族品牌一些機會。鼓勵國內營運企業與跨國電信企業通過技術、資本等方式結成戰略合作夥伴，共同開拓國際市場。

總之，中國的信息產業大致經歷了自力更生（1949—1978 年）和引進發展（近 20 年）這兩個階段，現在正在進入一個以自主創新為特徵的新的產業發展階段，這是歷史發展的要求和必然。我們應該不斷分析新形勢和新問題，

把握歷史的發展機遇，以有效的措施，協調「政、金、用、產、學、研」各種信息產業創新的要素，引領信息產業通過自主創新實現新的騰飛。

第二節　中國信息產業的區域發展

影響中國信息產業發展區域不平衡現象的主要經濟因素包括：區域城市佈局、區域產業結構和區域科技文化水準三個方面，下面就分區域進行說明。

一、長江三角洲的信息產業

長江三角洲地區位於中國大陸海岸線中部、長江入海口，橫跨上海市、江蘇省和浙江省，自然條件優越，經濟基礎良好，科技和文化教育事業相對也較發達。改革開放以來，國家對該區域給予了很多政策上的優惠，再加上人才資源豐裕等多方面因素，該地區成了中國開放度最高、最具發展活力同時也是經濟最發達的地區之一，並逐漸形成了以上海為龍頭、蘇浙為兩翼共同發展的大都市圈，中國經濟實力最強的 35 個城市，有 10 個都在「長三角」。

「長三角」發展信息產業的優勢主要還有四個方面。一是這個地區城市化水準比較高，有一個省級市（上海），4 個副省級市，11 個地級市，67 個縣級市，1,479 個建制鎮，相對於其他區域來說這些都是發展信息產業非常優越的地理位置和巨大的市場空間；二是該區域擁有大量高等院校和科研院所，再加上優秀的人才隊伍，使得該區域高新技術創新能力比較強；三是這個地區的第二產業比較發達，製造業優勢突出，比較完整的產業配套體系，高新產業支撐力很強；四是它背靠中國國際金融中心，再加上當地強大的民營資本，為本地的高科技企業提供了相當雄厚的資金支持。下面就各個地區的具體情況進行說明。

從 20 世紀 90 年代以來，上海就已經把信息產業放到了優先發展的位置，並且取得了明顯的效果，「九五」後期上海信息產業更是始終保持年均 20%以上的速度增長。2008 年，上海市信息產業完成製造業銷售收入和服務業經營收入合計 8,100.4 億元，同比增長 7.9%；信息產品製造業實現銷售收入 6,288.6 億元，同比增長 4.7%，在全市規模以上工業銷售收入中的比重已經達到了 24.8%；信息服務業經營收入達到 1,811.8 億元，同比增長 20.6%；信息產業出口額 670.5 億美元，同比增長 26.5%，占全市外貿出口總額的 39.6%。目前上海擁有全國約 1/3 的國際出口帶寬，成為國內首個擁有 T 級別

出口帶寬能力的城市和亞太地區主要信息通信樞紐之一。到2009年年底,「城市光網」建設實現75萬戶覆蓋能力,3G+WiFi無線寬帶通信網已覆蓋全市範圍;本地互聯網用戶達到1,250萬人,寬帶接入用戶470.32萬戶,有線電視用戶達到557.99萬戶,NGB(下一代廣播電視網)用戶達到50萬戶,並且上海近年來正在致力於打造國內最大4G網絡。從這些統計數字都可以看出,上海市信息產業的發展一直處於中國的前列。

江蘇省位於中國的東部沿海,地跨江淮兩條重要水系,長江下游的黃金水道貫穿全省,並且還與中國第一大城市上海相鄰,占據相當重要的地理位置。江蘇省歷來都是中國電子信息產業的重要基地,早在2003年江蘇就已實現工業增加值5,800億元左右,占全省GDP達到48%左右,超過浙江省,首次名列全國第一。2008年,江蘇省電子信息產業累計利用外資超過360億美元,占全省的比重約30%,外資企業實現銷售收入占全行業比重超過了80%,電子信息產品出口達7,665億元,占全省的48.7%,並且江蘇省信息產品製造業多數為加工組裝型,「高端產業、低端環保」的特徵明顯。

浙江省自20世紀90年代以來,信息產業規模就在以年均33%的速度逐步擴大。2004年浙江省電子信息產業銷售收入就達到了2,003億元,8家企業進入全國電子信息百強,並且初步形成了「兩帶十園」的信息產業格局。浙江省始終堅持「以信息化帶動工業化」的發展戰略,優先發展軟件產業,大力發展電子信息產品製造業與信息通信服務業,實現「信息強省」。近年來,浙江省信息產業更是發展迅猛,截至5月份,浙江省2010年共完成信息產業累計收入19,025,107萬元,同比上漲44.3%,其中電子產品製造業完成17,181,367萬元,同比上漲45.1%,其完成額占總產業的比重達到89.3%,說明浙江省還是以發展製造業為主。

2010年6月22日,國家發改委正式公布了《長江三角洲地區區域規劃》,其中對「長三角」區域內產業的未來發展方向做出了重點說明,明確了該區域各大城市今後的產業發展定位。其中上海將重點發展金融、航運等服務業,成為服務全國、面向國際的現代服務業中心;南京重點發展現代物流、科技、文化旅遊等服務業,成為「長三角」地區北翼的現代服務業中心;杭州重點發展文化創意、旅遊休閒、電子商務等服務業,成為「長三角」地區南翼的現代服務業中心;蘇州重點發展現代物流、科技服務、商務會展、旅遊休閒等服務業;無錫重點發展創意設計、服務外包等服務業;寧波重點發展現代物流、商務會展等服務業。蘇北和浙西南地區主要城市在改造提升傳統服務業的基礎上,加快建設各具特色的現代服務業集聚區。

但是該地區也存在著明顯的問題：產業佈局比較分散，計劃整體性不強，不能形成合力；產業結構重複系數很高，上海和浙江之間達到0.72，上海和江蘇之間為0.76，將近0.8，江蘇和浙江達到0.97的同步系數；環境治理任務重，污水排放量占全國10%。

二、「泛珠三角」地區的信息產業

所謂「泛珠三角」，指的是廣東、福建、江西、廣西、海南、湖南、四川、雲南、貴州等9個省（區），再加上香港和澳門兩個特別行政區（即「9+2」）而形成的超級經濟圈。它位於中國的華南、西南地區，地域遼闊，相互聯繫比較密切。「泛珠三角」區域擁有低廉的成本優勢、巨大的市場優勢和顯著的產業聚集效益，憑藉這種優勢，該區域吸引了全球的信息產業都快速向其轉移。2003年11月中旬，「9+2」區域的科技廳長在廣州簽署了《泛珠三角區域合作協議》，實行科技資源的開放與共享，包括相互開放工程技術研究中心、中試基地和重點實驗室，這成為建立「泛珠三角」科技合作平臺的重要起點。之後，2004年11月，信息產業部確定廣東省珠江三角洲地區為首批國家級電子信息產業基地，國家的政策支持也為該區域的發展創造了良好的條件。下面就各個省市具體說明。

廣東省是國內最大的進口集成電路市場，約占全國的70%。截至2008年，廣東省電子信息產品產值已經連續十八年高居內地第一，銷售收入、利潤總額、產品出口均占全行業的1/3。廣東2008年電子信息產業實現工業增加值2,810.6億元，占全省工業增加值的18.4%，達到全國的1/3。由於廣東省家電和玩具製造業發達，中低端集成電路製造技術成熟，完全有條件承擔中低端集成電路產業轉移，為此，廣東近幾年一直致力於建設「集成電路設計產業化應用基地」和「集成電路設計研究開發基地」，實現由「電子大省」向「電子強省」的邁進。

廣西一直在致力於加快構建暢通快捷的物流通道體系、運輸體系、商品和要素市場體系，成為連接各大市場的重要樞紐。貴州省積極推進產業基地和產業園區建設，以貴陽為中心，輻射毗鄰的中心城市，構建電子信息產業帶。雲南在向「泛珠三角區域」內的省份學習，吸收國外的信息產業經驗，打開國際市場。重慶市經過近十年的努力，使基礎薄弱的信息產業一躍成為主導產業，2009年重慶市信息產業主營業務收入達到1,006億元，首次突破千億大關，同比增長23.4%，但是重慶絲毫沒有放慢前進的步伐，據規劃，到2012年重慶市主營業務收入要超過3,000億元，占工業總產值的比重達到20%，信息

產業要以三倍的速度高於 GDP 的增長，進而取代汽車、摩托車產業成為重慶市第一支柱產業。湖南省毗鄰廣東，處於沿海的內地，內地的前沿，有一定區位優勢，並且還有 73 所高等院校，擁有一批高素質的科技人員，銀河 10 億次巨型計算機製造技術達國際領先水準。2001—2008 年湖南省電子信息產業主營業務收入年均增長 23.6%，2008 年實現主營業務收入 425 億元，增長 30%，軟件產業業務收入 165 億元，增長 31%，連續 7 年居中部第一，2009 年電子信息產業主營業務收入為 553 億元，仍然保持 30%的增速，同期全國平均增速只有 1%。但總體來說，湖南省還是存在著規模偏小，占 GDP 比重較低，增速相對全國平均水準落後的現象。

由此可以看出，各個省市都越來越注重區域間的合作，這種區域合作的一個重大優勢是可以把區域內分散的技術資源集中起來，在市場前景好、產業關聯大、帶動作用強、核心競爭力顯著的領域，增強創新能力和產業發展後勁。通過這種區域一體化協調發展，實現區域內整體推進，這樣不僅能夠提升信息產業在經濟發展中的地位，而且會使整個區域經濟成倍增長，形成區域信息產業及信息化聯動發展的良好局面。

三、環渤海地區的信息產業

含京、津、冀、魯、遼這五省市的環渤海地區是中國著名的三大三角洲之一。生產經營主要集中在電子信息、光機電一體化、通信、生物制藥、新材料、綠色能源等高科技領域。該區域各種資源非常豐富，除人力、科技資源外，得天獨厚的政策資源和資金資源都使該區域實現優勢集聚的潛力非常大。雖然環渤海地區各省市的信息產業發展勢頭良好，但在 2000 年左右除北京外該區域其他城市都普遍沒有擺脫封閉發展模式，存在惡性競爭現象，同其他地區如長三角、珠三角相比，這一地區信息產業發展相對緩慢，但是到了 2003 年，區域內各省市在意識到這個問題後，就開始研究如何通過集中技術和資金資源，引導區域內企業與科研機構、高校之間建立技術研發合作關係，共同開發關鍵技術和重點產品，強化技術協作和利益共享，變區域優勢為發展強勢。

雖然該區域整體發展不如其他區域，但是北京市信息產業的發展一直遙遙領先，因此在自己快速發展的同時，北京市正通過打造網絡計算機、手機、智能 IC 卡、數字影響等產業鏈，帶動其他省市的發展，另外北京一直都在探索建立新的產學研結合、優勢互補與良性互動的模式，解決產業發展中的瓶頸問題。北京每年產生 1.5 萬多項技術成果，但大部分並未在北京周邊區域進行有效轉化，因此目前工作的重點是推進首都經濟圈內區域之間、城市之間的協調

發展。天津市的電子信息產業是在 2000 年之後開始大力發展的，到了 2004 年電子信息產品的銷售額就比 2000 年翻了一番，並且還躍升為全國投資回報率最高的地區，是國家首批認定的九個國家級電子信息產業基地之一，同時也加強了環渤海各省市之間的互動與協作。2010 年 8 月，市政府常務會審議通過了《天津市工業佈局規劃（2008—2020 年）》，規劃稱，到 2020 年，天津市將建成 4 個基地，即工業循環經濟示範基地、高水準研發轉化基地、戰略性新興產業基地、新型工業化示範基地，形成京津走廊高新技術產業發展帶和臨海產業發展帶「兩帶集聚」格局，這「兩帶」實現的工業總產值將達到 4.2 萬億元，占全部產值的 70%，由此可見天津在發展信息產業方面的決心。

山東省的信息產業也發展迅猛，其正在培育一批擁有自主研發能力的企業，提高大企業產品的核心競爭力。遼寧省把信息產業視為振興老工業基地的支柱產業和基礎產業，以園區建設為重點，加快結構和體制創新，進一步加強信息技術應用，積極發揮信息產業在遼寧老工業基地調整、改造、振興的重要作用。河北省也加強了與其他省市的合作，優化投資環境，主動接受京津輻射，形成若干與京津等地產業互補、各具特色的信息產業研發、生產、加工基地和專業園區，形成環繞京津，貫通石、保、廊、唐、秦的信息產業帶。

第三節　中國信息產業的趨向

信息產業是指以信息為內容，用高智能、高技術對客觀信息進行採集、識別、轉換、儲存、傳輸、顯示、模擬和再生，即把知識轉化為生產力，並直接影響產業結構變化的一種新型產業。本書擬對信息產業的發展談點粗淺看法。

一、中國信息產業的表現

信息產業在中國興起於 20 世紀 70 年代末，經過八九十年代改革開放大潮的洗禮，近幾年來中國信息產業有了較大的發展，具有一定的規模。特別是社會主義市場經濟體制的確立，進一步刺激了對信息的需求，提高了信息的價值，為中國信息產業的發展創造了有利條件，從而使信息產業在中國國民生產總值中所占比例越來越高，信息產業在中國經濟建設中的作用越來越大。但是中國信息產業與發達國家相比較還有較大的差距，具體表現在：

（一）政策、理論力量薄弱

中國科技信息長期急於求成於科技領域，優先發展科研。信息的提供與經

濟部門和企業單位需求長期脫節，信息往往為純科研服務，企業的發展遠離信息的支持，缺乏活力，造成企業意識淡薄，信息需求低下。信息服務如何為經濟建設服務等懸而未決，造成信息系統建設過程中的盲目性、不完善性、對信息服務業發展的導向作用發揮得不夠。

(二) 社會信息系統自身不足

經濟體制的改革和建設對信息的要求越來越社會化，需要一個協調機制控制信息佈局、資源共享等問題。目前中國信息系統各部門之間沒有形成合理的網絡體系。一方面缺少一個龍頭機構進行宏觀調控和綜合管理。多頭領導、各行其是的現象嚴重，在各大信息系統及信息機構之間缺少協調配合，造成計算機檢索盲目設點，重複建庫，不僅浪費驚人，而且給以後的聯網造成了許多人為的障礙。另一方面是信息技術落後，設備條件差。目前中國的辦公自動化程度較低，大多數文件、信息、報刊的傳遞不夠迅速。信息產業是以電子、通信兩大產業為「硬件」的。而目前中國缺少生產大型計算機系統的能力，軟件、數據庫多使用進口，且人數不足，力量分散。使用時兼容與接口標準不一致，從而引起諸多的限制。中國軟件生產方式落後，市場不完善，通信手段、電話普及率也不及發達國家，無法支持其高標準的操作要求。再則，研製開發的信息產品脫離實際，應用價值不大，效益普遍較差。

(三) 信息利用意識淡薄

信息產業作為第三產業的核心產業，現階段還只是一種理論上的形成。一方面，人們長期形成不依靠信息也能生存和發展的傳統觀念仍是信息產業發展的最大障礙。目前人們遠不能真正把能源、物質、信息視為支撐社會發展的三大支柱。許多企業在市場經濟體制下，缺乏對信息的需求。另一方面，由於文獻、資料信息不具備直接迅速產出經濟效益和社會效益的功能，在很大程度上掩蓋了信息的價值，淡化了人們的信息意識，也抑制了用戶的需求。

(四) 信息市場不健全

信息市場是信息產品的供求雙方按照一定的條件和方式交易信息產品的領域和場所，是信息發揮其價值和作用的必由之路。由於受傳統觀念的影響，很多人並不能把信息看作商品，從而制約著信息市場的建立。因此，中國信息市場起步較晚、發育狀態不夠好，嚴重滯後於商品經濟的發展，主要表現為規模小、範圍窄、自發形成多，管理不力。導致一些企業急需的新技術、新材料、新工藝不能及時面市。而有的企業的新技術、新材料、新工藝卻「養在深閨難嫁」，從而使信息產品的供、需雙方都不能產生經濟效益。

(五) 人才培養不能滿足需要

信息系統是高科技產品的結晶，需要新的高科技支持。傳統的訓練知識結

構單一、理論與實踐脫節，缺乏根據信息事業發展的具體情況去解決信息系統存在問題的理論指導能力。由於受文化差異的阻礙，這就給計算機的核算和管理系統帶來困難。

二、中國信息產業的發展戰略

儘管目前信息產業面臨許多問題和困難，但這只是暫時的，只要我們制定正確的信息產業發展策略，並保證其順利實施，存在的問題和困難便可迎刃而解。

（一）確立戰略目標

20世紀90年代中國信息產業發展的戰略目標，應該以鄧小平同志提出的「開發信息資源，服務四化建設」及江澤民同志提出的「四個現代化，哪一化也離不開信息化」的指示為指針，以經濟建設為中心，以改革開放為前提，在大力提高信息產業、經濟效益和優化內部結構的基礎上，通過信息商品化，在21世紀內形成有中國特色的、比較發達的、結構合理的信息產業體系。

（二）建立統計體系

應從中國信息產業的現實出發，設置並建立信息產業的統計指標體系。一方面，為制定信息產業發展規劃、政策等從量的方面提供決策依據；另一方面，引導信息行業朝著產業化方向健康發展，並不斷提高經濟效益。

（三）改革管理體制

目前政府對信息機構的多頭管理，各自為政，使得信息資源的流通渠道不暢，造成人、財、物的巨大浪費。應建立一個全國性的、有權威性的信息機構，對各類信息機構進行通盤規劃、管理與協調。從而使國家的信息系統發揮整體功能，促使信息產業協調、健康地發展。

（四）增強信息意識

信息產品是一種生產要素，全面、完善的信息投入能給企業帶來巨大的經濟效益和社會效益。可有些企業，尤其是生產經營不太景氣的企業，對信息不重視，對信息市場觀念淡薄，沒有需求的慾望。這就需要輿論界採取各種方式和手段，宣傳信息的重要性，引導和提高全民的信息商品意識。

（五）增加產業投資

中國的信息產業正處於發展初期。增加對信息產業的投資可推進信息產業的發展速度。因此，政府一方面應該投入一定的起步資金，以保持一些長期才能見效的重點項目的投資強度。同時，允許並鼓勵信息機構以多種形式籌集資金，使之做到部分自給。另一方面政府需要制訂一系列傾斜和保護性政策來扶

持其發展。

(六) 培育信息市場

要立足本國優勢，因地制宜，面向世界，積極開拓國內外信息市場。徹底打破部門與行業之間的封鎖、疏通流通渠道，鼓勵和推動各種形式的橫向聯繫，大力加強信息資源的開發和利用，使信息產品有效地轉化為生產力。對信息交易、價格尺度、質量標準、跨國界數據交流等，要根據中國的實際情況，採取保護措施、實施法律管理。如：制定《信息資源開發利用法》《信息市場管理條例》《軟件和數據庫保護法》等，不斷地健全和完善信息市場，為中國信息產業的發展創造一個良好的環境。

(七) 加速人才培養

信息事業要發展，人才培養是關鍵，據有關資料預測，到 2000 年，中國僅微機電子技術應用人才就需要 160 萬人以上。所以應通過各種方式為信息產業的發展培養大批高素質人才。加強信息隊伍建設，提高在職人員的業務水準。除了有良好的政治素質外，還應有一定的基礎文化知識，掌握收集、加工、傳遞、儲存、諮詢服務等一套信息工作的程序和方法。在現代社會，還必須具備外語、電腦操作能力，直接瞭解國外信息，開闢信息渠道，提高信息處理能力，成為精通業務的能手。

(八) 實現信息商品化

信息雖然不是有形的物質，但既然是一門產業，就具有商品性質。因而它就可以轉讓、出售、交換，提供信息者就應該取得報酬，實行有償服務。信息商品化，必須做到：第一，各地要積極發展信息業，大中城市應成立企業型的信息公司、諮詢服務公司等，把信息業列為第三產業中的重要行業來發展。第二，加強對信息的管理，除天氣預報、自然現象、政策法令、社會治安、廣告宣傳和國內外重要新聞等社會信息，需要及時公布，讓公眾知道外，其他信息尤其是工商信息、科技信息要有管理制度，不宜隨便擴散。涉及高新技術和國家需要保密的信息，更應該有嚴格的管理要求。掌握信息的單位，應有信息專有權，不得強制要求其公布。第三，信息的轉讓、出售應有報酬，使用信息的單位應按照信息所增加的經濟效益，付出適當的代價。提供諮詢服務的信息業，可規定收費標準，出賣信息（包括情報、資料），實行有償服務。

第四節　信息產業對就業的影響的實證分析

一、就業與信息產業的理論

（一）就業理論

1. 古典就業理論

古典經濟學家認為，勞動力的供給和需求由社會工資水準決定，當實際工資增長，勞動力供給增加，同時也減少對勞動力的需求，工資水準可以隨著就業市場供求的變化而變化。當勞動力供給大於勞動力需求時，實際工資就下降，企業會雇傭更多的工人，擴大生產規模，以獲取更多的利潤，減少了失業量。當勞動力的供給小於勞動力的需求時，社會實際工資水準提高，資本家就會減少工人數量，從而使勞動市場的供需得到平衡。因此，他們認為很長時間的大量的失業是不可能的。

2. 凱恩斯就業理論

凱恩斯認為均衡狀態的社會總需求是「有效需求」，「有效需求」包含投資需求和消費需求，而消費需求存在邊際消費遞減現象，邊際消費遞減使消費者的消費隨著生產的增加而減少，投資消費也存在邊際效率遞減現象，投資邊際遞減現象使投資者的投資隨著生產的增加而減少，這些現象使得社會的「有效需求」減少，導致生產規模不能繼續擴大，產生失業現象。

因此，凱恩斯經濟學派學者認為，增加社會的「有效需求」可以更好地解決失業問題，需要國家發揮主導作用，增加財政公共支出，採取積極的貨幣和財政政策，刺激社會投資和消費，增加社會的「有效需求」，可以更好地解決失業問題。

3. 乘數理論

乘數，是指在一定的邊際消費傾向下，增加投資可以使國民的收入和就業量呈現若干倍的增加。由於各個產業部分之間的關係密切，一個部門或產業的投資增加，會引起其他部門或產業的反應，需求的增加引起收入的增加，收入的增加進而又帶來需求的增加，形成連鎖反應。利用乘數理論，英國經濟學家卡恩認為可以估算投資淨增加數和由此導致總就業量之間的關係。乘數效應在投資、政府公共支出等方面有重要的影響。

(二) 信息產業與就業之間關係的理論

1. 馬克思就業理論

馬克思認為，技術進步會創造就業機會。雖然資本的增加使就業工人的數量相對減少，但是就業工人絕對量在增加。引進技術可以降低生產和交易成本，能產生更多的利潤和產品，使得社會生產規模擴大，擴大就業領域，促進社會分工更加細化，滿足更多消費者的需求，從而使社會需要更多的勞動力，也就增加了就業崗位。

2. 發展經濟學就業理論

威廉‧阿瑟‧劉易斯在《勞動力無限供給條件下的經濟發展》一文中，對勞動力從使用原始技術的農業部門轉移到使用現代技術的工業部門的長期趨勢進行分析，並認為通過擴大現代工業部分，提供更多的就業機會，將農業部門的剩餘勞動力轉移到現代工業部分。

3. 新古典經濟理論

新古典經濟理論從經濟增長的角度來分析技術進步與就業之間的關係，新古典經濟學者認為技術進步引起經濟的增長，經濟的增長對就業有決定作用，即技術進步決定就業。索洛把技術進步當作獨立於資本和勞動之外的變量，由於資本和勞動的邊際產出遞減，認為從長期角度來看，經濟的增長由技術進步來決定。羅默在索洛研究的基礎上提出人力資本是技術進步的源泉。

4. 技術創新經濟學派理論

熊彼特在《經濟發展理論》中提出「創新理論」，他認為技術創新是資本主義經濟增長的主要源泉。技術創新使經濟結構發生變化，產生週期性的失業危機。克里斯托弗‧弗里曼和卡羅塔‧佩雷斯等學者認為舊有的社會制度不能適應新技術——經濟範式的要求導致經濟陷入蕭條、失業上升和經濟增長減慢，出現結構性失調，而不是技術進步導致失業，因此，要解決失業問題，必須要進行社會制度改革。

二、就業理論在信息產業對就業影響中的應用

根據凱恩斯的就業理論，總需求等於總供給，總需求決定社會總就業量，就業量不足是由需求不足產生的。隨著信息產業的發展，使社會生產和交易的成本降低，生產效率不斷提高，國民消費的需求量增加，消費要求也在不斷提高，從而催生了信息產業的需求，刺激消費，例如以阿里巴巴為代表的電子商務，由於網上購物可以節約交易成本和時間，給消費者提供更多的選擇，促進國民的消費需求，帶動了各個行業的就業。

乘數效應理論應用於信息產業對就業的影響的主要是信息產業對其他產業的滲透性和關聯性，投資信息產業，可以帶動很多傳統的農業、工業和服務業等相關產業的發展，擴大社會經濟的規模，提高更多產業的經濟效益，刺激資本投資和消費，從而擴大就業的需求量，產生較大乘數效應。

三、信息產業對就業的影響的實證分析

（一）數據的選取和說明

根據就業的理論可知，信息產業對就業有直接和間接的影響，為了分析信息產業對就業的影響，本書利用29個省、市、自治區的2004—2010年信息產業（it）和勞動量（$labour$）建立面板數據模型，分析中國信息產業對就業的影響。利用電子信息產品製造業完成業務收入、郵電業收入和軟件業完成業務收入等三項的總和近似表示信息產業的產值，電子信息產業和軟件業的數據來源於《2012中國信息產業年鑑》，就業量用社會總勞動量表示，數據來源於《中國統計年鑑》。選取除西藏和青海之外的2004—2010年29個省市作為研究對象，並分成東部、中部和西部。為了更好地研究變量之間的關係，以2004年為基年，信息產業產值已經剔除物價因素的影響。

（二）單位根檢驗

分別對 $labour$ 和 it 進行單位根檢驗，得到 $labour$ 和 it 不是平穩序列，經過一階差分，得到 dit 和 $dlabour$ 是平穩序列，即為 $I(1)$ 序列。因此，可以對 $labour$ 和 it 進行協整檢驗。

（三）協整檢驗

建立 $dlabour$ 和 dit 的面板數據模型，進行協整檢驗，檢驗 $labour$ 和 it 是否存在均衡關係，使用 Pedroni 檢驗方法。

（四）格蘭杰因果檢驗

本書使用2004—2010年的就業量和信息產業產值數據，檢驗格蘭杰因果關係，就業量採用的是全國總就業人數，數據來源於《中國統計年鑑》，已經剔除信息產業產值中的物價因素影響，檢驗信息產業是否是就業量增長的格蘭杰原因，變量的觀察時期只有7年，本書選取滯後期為1年。

首先檢驗就業變量和信息產業產值變量的平穩性，經過單位根檢驗得到 $labour$ 和 it 是不平穩的，經過一階差分是平穩的，即均為一階平穩變量。

建立如下模型：

模型（1）：

$$labour = c + \alpha_1 labour(-1) + \beta_1 it + \beta_2 it(-1) \tag{2-1}$$

模型(2)：
$$labour = c + \alpha_1 labour(-1) \qquad (2-2)$$

可以用固定效應變截距模型或者常系數模型，用變截距模型得到如下結果：

表 2-1 與 *labour* 和 *it* 有關的模型（1）和模型（2）檢驗結果

因變量	c	α_1	β_1	β_2	統計量
模型（1）	-5,074.235	1.290,554	-0.051,388	-0.002,811	R^2 = 0.999,667 殘差平方和 = 117,026.0
模型（2）	714.853,6	0.994,264			R^2 = 0.999,278 殘差平方和 = 253,438.9

通過以上分析可知，式（2-2）在引入信息產業產值變量之後，擬合度增加，殘差平方和減少，所以可以認為信息產業會引起就業的增長，信息產業是經濟增長的格蘭杰原因。從總體上看信息產業的發展，會促進就業的增長，這與信息產業對就業影響的理論相符合。

（五）面板數據模型的建立與估計

為了便於整體分析，我們將 29 個省市分成東部、中部和西部三大區域，建立面板數據模型的具體形式：

$$labour_{it} = a_i + \beta_i it_{it} + u_{it}, \quad i = 1, 2, 3, \quad t = 2004, \cdots, 2010 \qquad (2-3)$$

i——橫截面單元對象，中國的東部、中部和西部；

t——時間序列單元，t = 2004，…，2010；

$labour_{it}$——樣本 i 在第 t 時期的社會總勞動量；

it_{it}——樣本 i 在第 t 時期的信息產業產值；

α_1——樣本 i 的模型估計的截距，表示地域間的差異；

β_1——樣本 i 的信息產業發展對就業的影響；

u_{it}——樣本 i 在第 t 時期的統計誤差。

（六）模型結果的分析與結論

1. 從模型的估計結果的總體進行分析

從模型的擬合結果看，R^2 = 0.997,787，擬合優度達到 99.8%，表示中國信息產業發展與就業總量關係的擬合度為 99.8%，模型的擬合效果比較好，線性相關程度比較高，說明中國信息產業發展對經濟有重要的影響。DW = 2.477,902，說明殘差序列不存在自相關。從三大區域的信息產業邊際收入彈性系數估計值的 t 統計量來看，三大區域的 t 統計量都大於 7，說明東部、中部和西部的信息產業發展對中國就業有顯著影響，這也符合實際情況。因此，上述模型的結

果是合理的估計，並具有一定的經濟參考價值。

2. 從模型的三大區域的估計結果進行分析

全國三大區域之間的信息產業產值增長率有一些差距，其中中部的信息產業發展對就業的影響最大，當信息產業每增長 1% 時，中部的社會勞動量增長 0.402%，其次是西部的信息產業發展對就業的影響，當信息產業每增長 1% 時，西部的社會勞動量增長 0.365%，說明信息產業對中部和西部的就業有明顯的促進作用，這與實際情況相符合，中部和西部的信息產業實力比較雄厚，武漢的光信息技術，西安也是重要的光電子生產基地，這些基地的建立對當地的就業有重要的影響，中西部地區的信息產業發展對就業的促進作用比較明顯。東部的信息產業對就業也有一定的影響，當信息產業每增長 1% 時，東部的社會勞動量增長了 0.157%，說明信息產業對東部的就業有影響，但不明顯，由於東部的人力資源和產業比較完善，對就業的吸納能力趨於飽和狀態，當地政府應該找出相應對策，調整經濟產業結構，提高當地的就業量。綜合來看，信息產業對三大區域的就業有不同的促進作用。

第三章 信息產業發展水準與經濟增長的衡量

第一節 宏觀經濟的發展概況

一、國民經濟總量及結構分析

1990—2011 年中國經濟總量及結構總體呈現較好的發展態勢。一方面，經濟總量 GDP 一直呈現增長狀態，從 1990 年的 18,667.8 億元增加到 2011 年的 472,881.6 億元，平均增長速度高達 15%以上。其中 20 世紀 90 年代初期由於經濟體制的轉軌極大地激發了市場活力，對經濟發展具有明顯的促進作用，經濟的環比增長速度處於較高狀態，此後呈現穩定的增長態勢（詳見圖 3-1）。另一方面，三次產業以及高技術產業的產值絕對數在穩步增加的同時，其相對結構比重處於「二三一」狀態。第一產業的比重穩步下降，從 1990 年的 27.12%下降到 2011 年的 10.04%；第二產業基本處於 50%的水準，但其中高技術產業的比重處於逐步上升狀態，占 GDP 的比重從 1995 年的 6.74%逐步增加到 2010 年的 18.61%；第三產業的比重穩步上升，從 1990 年的 31.54%增加到 2011 年的 43.35%，接近於第二產業。產業結構將向「三二一」狀態轉變

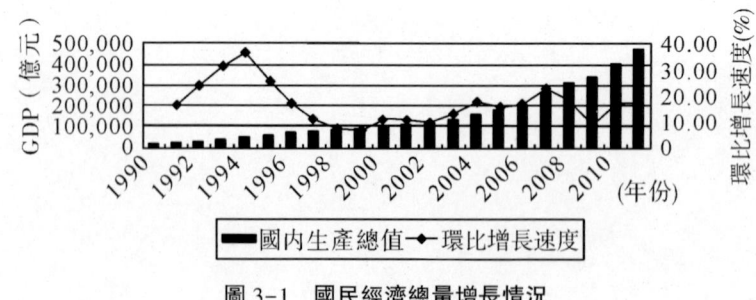

圖 3-1 國民經濟總量增長情況

（詳見圖 3-2）。國民經濟的總量及結構態勢為高技術產業奠定了堅實的物質基礎和巨大的產業需求潛力。

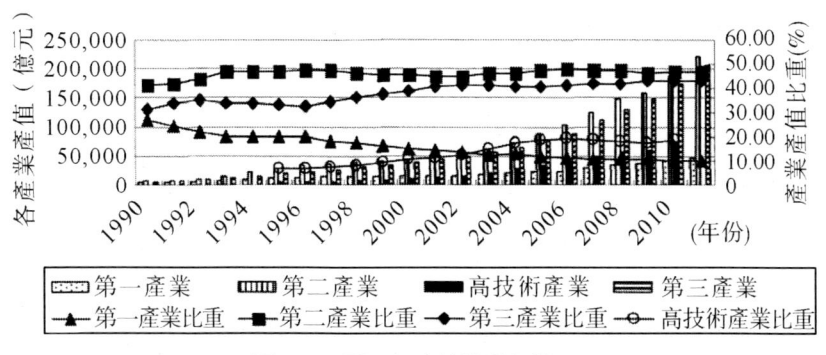

圖 3-2　國民經濟結構變化情況

二、國民收入及消費水準分析

（一）總量分析

中國的國民收入從 1990 年的 18,718.3 億元增加到 2011 年的 472,115 億元，增加了 24.2 倍，同時居民的消費水準也在逐步提升，從 1990 年的 832.5 元增加到 2011 年的 12,271.5 元，增加了 13.7 倍，消費對經濟增長的貢獻率維持在 35%～65% 的水準，對經濟的拉動維持在 3.6～5.5 個百分點的水準。農村、城鎮居民的恩格爾系數也呈現下降趨勢（詳見表 3-1），農村居民的恩格爾系數從 2008 年的 0.40 下降到 2011 年的 0.37，城鎮居民的恩格爾系數從 2008 年的 0.31 下降到 2011 年的 0.29，全國的恩格爾系數從 2008 年的 0.48 下降到 2011 年的 0.45，根據聯合國的劃分標準，中國的國民生活水準現處於小康階段並將向相對富裕的階段邁進。這與羅斯托（W. Rostow）的經濟發展階段論相吻合，即傳統社會階段、起飛準備階段、起飛階段、走向成熟階段、大眾消費階段和高消費並追求生活品質階段。國民經濟收入及消費水準的現狀以及城鎮化情況將為高技術產業創造可喜的消費需求。

表 3-1　　　　　　　　　城鄉居民恩格爾系數變化情況

恩格爾系數	2008 年	2009 年	2010 年	2011 年
農村	0.409,821,404	0.392,955,77	0.383,088,451	0.374,097
城鎮	0.311,994,954	0.300,482,241	0.290,378,978	0.293,676
總體	0.482,515,442	0.464,659,027	0.451,575,814	0.453,806

(二）區域分析

以收入法合算的 2011 年 31 個地區的生產總值，其數據分佈如圖 3-3 所示。地區生產總值的標準差 13,216.29，方差 174,670,221，極差 52,604.45，其離散性量化指標及其直觀的分佈圖都表明地區生產總值存在較大的波動性，發展很不平衡。而且東部和中西部地區的可支配收入和城鄉居民的恩格爾系數更加充分地驗證了中國經濟發展的區域差距和城鄉差距，這將導致高技術產業發展的不平衡性，進而制約其與經濟增長在國家層面上互動的整體水準提升。

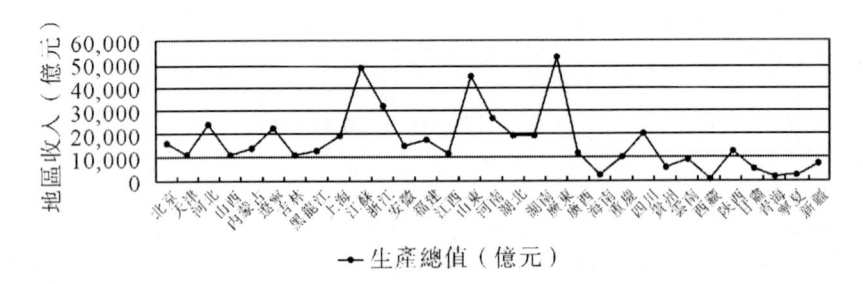

圖 3-3　國民經濟區域發展情況

三、進出口貿易水準分析

2010 年中國進出口總額位居世界第二位，外資利用水準大力提升，境外投資明顯加快，中國國際地位和影響力顯著提高。進出口總額、貿易淨額以及實際外資利用情況的絕對數都為正值，且總體上都呈現增長態勢，其中貿易總額從 1995 年的 2,808.6 億美元增加到 2011 年的 36,418 億美元，增加了約 12 倍（詳見圖 3-4）。中國的貿易態勢基本與日本經濟學家赤松要提出的雁行形態理

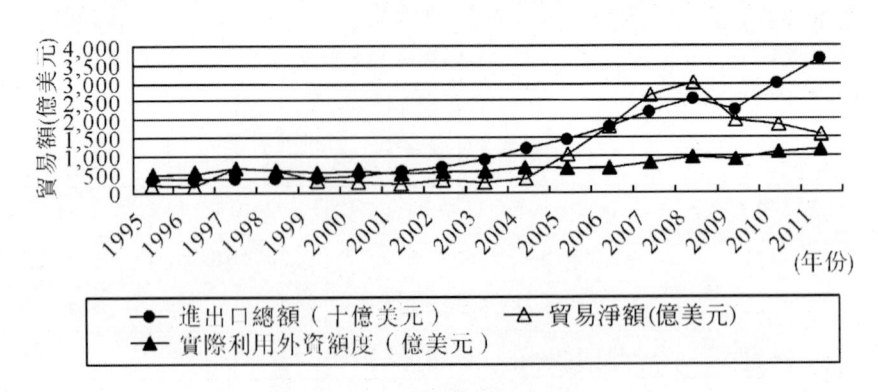

圖 3-4　國民經濟貿易狀況

論相吻合。2000—2011年貨物及服務對國民經濟的貢獻率在-37.4與12.5之間波動，對經濟拉動的百分點在-3.5與2.6之間波動，這與消費對國民經濟的貢獻和拉動存在較大的差距。國民經濟的貿易狀態不僅為高技術產業創造了國際環境和國際市場，有利於高技術產業的外溢效應的發揮和國際市場的拓展，而且這也為高技術產業在改善貿易水準方面提出了嚴峻的挑戰。

四、國民經濟發展的基本態勢

上述三方面的概況表明中國已進入全面建設小康社會階段，消費結構也進入全面升級階段。在機遇與挑戰並存的關鍵時期，針對現階段中國國民經濟和社會發展的問題提出國民經濟和社會發展的基本要求、主要目標和政策導向。

表3-2 規劃中國國民經濟和社會發展的問題、基本要求、主要目標和政策導向

問題	基本要求	主要目標	政策導向
國際上：全球需求結構明顯變化，市場、資源、人才、技術、標準等的競爭更激烈，氣候變化以及能源資源安全更嚴峻；國內：資源環境約束強化，科技創新能力不強，產業結構不合理，收入分配差距較大，制約科學發展的體制、機制障礙較多。	堅持把經濟結構戰略性調整作為加快轉變經濟發展方式的主攻方向；堅持把科技進步和創新作為加快轉變經濟發展方式的重要支撐；堅持把保障和改善民生作為加快轉變經濟發展方式的根本出發點和落腳點；堅持把構建資源節約型、環境友好型社會作為加快轉變經濟發展方式的重要著力點。	結構調整取得重大進展，戰略性新興產業取得突破，服務業增加值比重提高4個百分點，城鎮化率提高4個百分點；科技教育水準明顯提升，研發支出比重達到2.2%，發明專利擁有量3.3件/萬人；資源節約、環境保護成效要得到顯著提升；改革開放不斷深化，不斷拓展對外開放的廣度和深度，構建互利共贏的開放格局。	建立擴大消費需求尤其是內需的長效機制，千方百計地促進消費結構升級；依靠科技創新推動產業升級，以經濟社會發展的重大需求為導向，強化企業的主體地位，引導資金、人才、技術等創新要素向企業聚集，加快建設創新體系，促進三次產業的高水準協同；加快城鄉居民收入增長，健全分配調節機制，縮小差距；強化企業創新和科研成果產業化的財稅金融政策及產權交易保護機制。

資料來源：從《中華人民共和國國民經濟和社會發展第十二個五年（2011—2015年）規劃綱要》整理而得。

第二節　從信息技術到信息產業

一、何謂信息產業

在第二次世界大戰以前，歐美發達資本主義國家的一些與信息有關的行業已相當發達，包括郵政、電訊、出版、廣播、電視、新聞網等。當然，這些行業因為在整個社會生活中的地位並不突出，所以被分別歸入農業、工業和服務業，而非某類新產業。

戰後，隨著微電子技術的發展，信息行業也得到了很快的發展。一般認為，信息產業在 20 世紀 50 年代始於美國，隨後相繼在日本和歐洲得到發展。由於這一新行業蓬勃的生命力，經濟學家和社會學家創造了許多新名詞，如：「信息經濟」「信息時代」「後工業社會」，等等。早在 20 世紀 50 年代，就有學者嘗試提出「信息產業」，希望將它歸並於與高科技信息有關的行業，成為與農業、工業、服務業平起平坐的一個產業，有時，「信息產業」也被稱為「第四產業」。第一個系統研究「信息經濟」的是美國經濟學家麥克拉普，他在其著作中概括了信息產業：

「這樣一組機構——公司、機關、組織及部門或小組，但是在某種情況下也可以包括個人和家庭——它提供知識、信息服務或信息產品，不論自用或是別人使用。」

麥克拉普又對信息部門做了更詳細的分類，他想在國民收入帳戶體系中建立一套描述信息產業活動的帳戶。他將信息產業部門劃分為初級和二級信息部門，初級部門包括廠商為市場提供大批量信息產品和信息服務，即負責信息的生產、加工與分配；二級部門是指為政府或私營企業內部提供信息商品與服務。麥克拉普的研究重點在初級信息部門，主要包括如下部門：

第一，知識的生產與創造、產業研究與開發、私人信息服務業；

第二，信息傳播與通信業、公共信息服務；

第三，風險管理、保險業（部分）、金融業（部分）；

第四，稽查與協調部門、稽查與非投機經紀業、廣告業、非市場協調機構；

第五，信息加工與傳播服務業、電訊服務；

第六，信息與電子產品工業，包括信息消費品、信息投資品等；

第七，相關的政府活動、郵政服務、地方教育；

第八，為信息系統服務的建設部門。

暫且不論這種分法是否權威和完全合理，至少麥克拉普先生的羅列，使我們對信息產業的內容有了個大致瞭解。為了讓本書的敘述更明確，我們不妨將信息產業理解為以計算機產業和通信產業為主體的高技術產業。

20世紀80年代末在一些發達國家中，計算機系統進行信息服務所產生的價值已經占國民生產總值的10%。雖然經濟不發達國家的這一比重沒有那麼高，但信息對經濟及社會其他方面的影響也不可忽視。例如，據統計，電信使肯尼亞旅遊業增加的收入是電信業投入的119倍。在中國，有關方面的研究認為，在電信方面每投入1元，給其他各行業帶來的經濟效益為18元。

現在，信息產業已與石油、汽車並列為世界三大產業，有專家估計，下一個世紀，信息產業將會成為世界第一大產業。不過，新生的信息產業不可避免地和其他服務性活動夾雜，所以至今各國的國民生產總值年度統計帳戶中仍未把整個信息產業歸為單獨的部門。

二、信息時代催生產業大亨

美國的商業雜誌素來熱衷於給全球的企業和企業家排列名次，這些排名不僅表明財富分配的現狀，而且一定程度上反應了世界經濟的最新走向。1996年《福布斯》公布了世界前400名富豪的名單。耐人回味的是，名列榜首的既不是繼承遺產的老式家族富翁，也不是靠房地產發跡的投機商，而是在電腦界聲名顯赫的傳奇人物——微軟公司的掌門人比爾·蓋茨（到1997年年中已擁有400億美元資產）。

與此相呼應，美國的《商業周刊》雜誌不久亦評出1996年全球1,000家最大企業。在市場價值超過500億美元的24家企業之中，電子信息行業有5家，它們是日本電報電話公司（NTT）、美國電報電話公司（AT&T）、微軟、英特爾和惠普。

顯而易見，在排行榜中，地區經濟的繁榮催生了一批新富，老牌家族因其雄厚的根基也占據一席之地，金融投資家以其敏銳的視覺將權力從華爾街擴展到世界各地。而最令人們目眩神暈的是，諸如微軟比爾·蓋茨等一批信息大亨，他們拋棄了父輩們艱苦創業的傳統模式，沒有自然資源和地產，也不雇傭成千上萬名工人，只是在人與計算機以及「計算人」之間做些無休止的游戲，便能讓財富暴漲，創造點石成金的神話。

比爾·蓋茨和他的創業夥伴保羅·艾倫能排在世界首富之列，應得益於微軟高額的股票市值，其1995年市場價值高達710億元，全球排名第12，遠遠

高於諸如杜邦（446億美元）、福特汽車（428.7億美元）和波音（293.7億美元）這樣的老牌企業。而微軟的銷售額則只有59億美元，在美國排名第239位，其市值分別是資產額的10倍和年銷售額的12倍。

與微軟截然不同的是，在全球市場上叱咤風雲多年的老牌跨國企業，以龐大的資產和巨額銷售業績做後盾，市場價值卻不盡人意。通用汽車的銷售額高達1,700多億美元，其市值僅416.8億美元；寶潔（P&G）銷售額為300多億美元，其市場價值達602.8億元，排在英特爾（620.9億美元）之下，而英特爾的年銷售額只有寶潔的一半，為150億美元。

除了電腦界兩位霸主微軟和英特爾以外，網絡廠商思科公司（Cisco）、軟件製造商CA公司以及提供國際互聯網服務的美國聯機公司（America Online）同樣表現不俗。它們的市值分別為304.9億美元、176.5億美元和48.9億美元，超過了自身資產和銷售額的幾十倍和上百倍。

更為引人注目的是，由於趕上了互聯網絡熱潮的頭班車。網景公司（Netscape）的發跡模式令許多人羨慕不已。這個由吉姆·克拉克創建的公司，只憑著「導航員」軟件讓全球大約3,000臺計算機聯網，用了僅僅18個月就使財富暴漲到56.5億美元。而網景公司的24歲合夥人馬克·安德森，也一夜之間成為全球風雲人物。另一個現代傳奇故事是由27歲的美籍華人楊志遠創造的，他創辦的雅虎公司（Yahoo）在互聯網上淘金，成立不到一年就因股票上市狂升而使其成為億萬富翁。

當然，現今信息大亨們的成功正是信息時代日漸來臨的必然結果，他們手中握有的不是大把的美金而是股票，是那些令人眼紅地邁向未來的公司的股票。這不僅是華爾街金融家們的資金調動結果，也準確地反應了廣大普通投資者的「民心」所向。

不可否認，許多取得了「輝煌股市」成就的信息技術企業目前還實力有限，這些競爭者常要冒摔跤的危險，部分公司也會因過分依賴於一兩個產品而被品位的變化和市場的轉換絆倒在地。「但它們行動迅速，獨具創意。」一位經濟學家稱，「在信息化潮流的推動之下，它們或它們的競爭對手，是能夠上演一場更新觀念的信息產業革命的」。

三、改革是技術與產業發展之母

我們知道，從「技術」到「產業」的這一步，實際上就是科技轉化為生產力的過程。信息技術的產業化主要是指其應用研究的科研成果走出實驗室，經過商品化、市場化階段，進而達到規模生產，即產業化。在這裡，我們需要

說明一下，商品化、市場化、產業化是信息產業發展的基本過程，不邁出這關鍵性的三步，就不能順利使信息科學成果轉化為現實的生產力。

商品化，是指使科技成果走出保險櫃，以商品的形式而具有社會價值。市場是商品交易的場所，也是商品競爭和實現其社會價值的場所，沒有市場化，則不能實現科技產品的推廣與持續開發；產業化，是指以規模生產，使高科技走出作坊式發展而真正成為實業。技術本身只是一個行業向前發展的一種推動力量，如果沒有應用，就沒有需求和市場，失去這種吸引力，任何技術或產業的發展都將是有限的。

在西方社會，技術發展和產業發展都要遵循市場規律，而沒有硬生生的管理體制約束。西方大學鼓勵理工科教授與產業界密切聯繫，而不僅僅滿足於「成果鑑定」；金融界有專門的「風險基金」來支持技術天才們創辦高技術公司，這是信息產業發展的重要社會環境。而在中國，科研部門是「事業單位」，高技術公司是「企業單位」，管理體制的鴻溝使大量技術成果待在文件櫃裡，直至過時。現在，科研體制改革也邁出了關鍵的幾步，社會主義市場機制逐步形成，使情況好了一些。今天，我們不妨看看北大方正和聯想集團的創業過程，看看它們如何在體制變革中掙扎著誕生。

北大方正是依靠激光照排印刷系統走上大發展的。北京大學王選教授主持國家重點科研項目，在當時計劃體制的要求下，王選只負責科研，其成果由國家行政指定山東濰坊計算機公司獨家生產。王選主持完成的「華光」激光照排系統於1987年通過國家驗收，順利投產。但不久，這種管理體制的弊端暴露出來了。由於山東濰坊計算機公司產品壟斷，市場開拓力度與產品市場潛力差得太遠，而且公司的技術力量跟不上，用戶對售後服務意見很大。王選很著急，十年磨礪的頂級成果應該有更大的經濟和社會效益，另外舊管理體制不能保障產品及時更新換代，這個市場可是外國公司睥睨已久的，一旦它們大舉進來，照目前的狀況，山東濰坊計算機公司恐怕不是對手。鑑於此，王選奔走於有關部門，建議改變獨家經營的局面，由具有各方面優勢的「北大新技術公司」也承擔生產該照排系統。由於王選的聲望和市場現實，國家同意了他的請求。1988年，北大新技術公司獲准投產，但產品以「方正」得名，以示與原「華光」有區別。

由於雄厚的技術與良好的管理，北大新技術公司由小小企業一下子名揚天下，成長很快，兩年後改組為北大方正集團公司，同時，順利開發出「方正漢卡」「遠程通信傳版系統」「彩色排印系統」等。20世紀80年代，日本寫研公司就進入了中國市場，當時的中國印刷界談起中文電腦排版是「言必稱

寫研」。北大方正很快糾正了這種說法，以其實力很快將美國 HTS 公司和日本寫研公司從中國市場上擠走，而且一鼓作氣闖進東南亞市場，在華文印刷界裡將外國產品一點點清除乾淨。一位搞了一輩子報業的華僑，用了一輩子外國人的中文系統，也盼了一輩子中國人自己的產品，當看到「方正 93」性能如此完備和精良，不禁老淚縱橫。現在回想起來，如果沒有王選的奔走，或者他甘心做一個「純粹」的學者，如果沒有依託北大的技術實力，如果沒有國家管理體制的及時轉型，如果高層主管領導思維僵化……怎麼會有北大方正的今天！

如果說方正的創業是激光照排技術的緣分，那麼，聯想集團的誕生，則是活生生被「逼」出來的。這得從 1984 年說起。

當年，中國科學院在周光召院長的主持下，推行「一院兩制」的科技體制改革，這次改革意義非凡，因為它真正改到了長期計劃經濟體制的病根子上。所謂「一院兩制」其實很簡單，就是一舉打破科研經費的大鍋飯，而將中科院各研究所分為基礎科學研究和應用技術研究兩大類，前者國家計劃撥款不變，後者計劃撥款從 1984 年起，年遞減 20%，言下之意，五年斷皇糧！計算技術研究所和其他應用技術研究所一樣，這一下子緊張起來。

20 世紀 50 年代成立的中科院計算技術研究所，匯集了近千名高科技人才。中國第一臺電子管、晶體管和大規模集成電路電子計算機都誕生於此，但是在舊體制下，它們都沒有成為商品。所以，有人譏笑計算技術研究所研製的計算機都是「公雞」，要麼怎麼不下蛋呢！1984 年 9 月，曾茂朝所長找來微機研究室副主任柳傳志等人商量怎麼辦。其實大家都明白，只有一個沒有辦法的辦法：研究所自己搞實業。於是，當場決定由王樹和、柳傳志等牽頭開始搞，研究所為他們提供的全部東西如下：20 萬元啓動資金，20 平方米的研究所傳達室作為公司辦公室，計算所的金字招牌，另外，經營、人事和財務完全自主。就這樣，中科院計算所公司，現在聯想集團的前身，被科技體制改革「逼」了出來。也真難為這些做了半輩子學問的人，本來他們與市場打交道一直限於下班買菜，而現在卻由研究員、副研究員成了經理、副經理，而且一年必須為研究所賺幾十萬回來。他們懵懵懂懂，賣了一陣子電子表，又倒了幾批旱冰鞋，總算初嘗了「市場」的滋味。幾經周折，最後公司決定：將計算所計算機專家倪光南「請下海」，並且將他的得意成果「聯想式漢卡」商品化！倪光南時年 45 歲，是計算所最出色和最年輕的「正研級」，為報效祖國，他謝絕了加拿大國家科學院的高薪聘請，毅然回國主持項目，在 1974 年就做出了中文信息處理的一流成果，計算機界無人不曉，只可惜一直未能把成果轉化

成產品。所以，當柳傳志誠心請他出任「聯想」總工程師時，倪光南只提出了三個條件：一不做官，二不接待記者，三不赴宴。第二天，他就來聯想上班了。同王選一樣，倪光南也把實現科研成果的社會價值當成一生夙願。在他的帶動下，計算所許多高級知識分子都加入聯想，照大家的說法：這半輩子的研究生涯，「憋得慌」。

「憋得慌」這個詞，真是道出了知識分子們的肺腑之言。

正因為「憋」了多年，所以知識分子們一「下海」就鉚足了勁。原總經理助理畢顯林，負責宣傳展覽籌劃，年近五十的人，累得低血糖病，但一聲不吭，天天喝著糖水，依然在外奔波。業務部的原負責人胡錫蘭，花白髮發老太太，主動要求天天守在公司前臺，向每一位客戶詳細介紹產品性能。當聽說她是副研究員，又是計算所曾茂朝所長的愛人時，顧客們都大吃一驚，欽佩之餘不由感嘆：「聯想不得了。」

聯想的發展，也正好應了這句話。殊不知，沒有中科院「一院兩制」的下狠心改革，聯想不會被「逼」出來，而創造第一年營業額300萬元，第二年1,800萬元，第三年7,014萬元的奇跡。原想，被逼「下海」，對知識分子而言宛如殺頭，沒想到秀才經商，苦盡甘來，居然前途無量！

從方正和聯想的創業中，我們可以慢慢歸納出一個很重要的時代理念：光有先進技術不行，更重要的是懂市場與產業行為。產業發展與技術開發相輔相成，好比走路的兩條腿。產業發展給技術開發提供必要的資金和明確的研究方向，技術開發的成功有利於提高產品競爭力，更好地開拓市場。事實越來越明顯，最終決定我們命運的，不是技術的高低，而是產業實力的強弱。

同時，發展信息產業，要靠政府，尤其是在基礎研究方面和產業啟動階段，政府的作用舉足輕重，但從實業角度而言，信息產業主要還得靠有自主權的企業和自由的市場環境。在20世紀70年代後期，中國當時的計算機總局以行政命令建立了四個全國性的公司，即計算機服務公司（解決為用戶提供售前、售後服務的一系列問題）、軟件公司（負責軟件的開發和市場）、系統工程公司（為用戶負責系統集成設計與實施）、計算機機房公司（負責各種機房設備的開發與生產和機房的承包工程）。但由於種種原因，這些既不像政府機構，又不像真正企業的「公司」沒有創出什麼效益，其中系統公司無形中消失，服務公司與軟件公司合併，直至20世紀90年代中才恢復元氣。所以，信息產業發展，要靠社會機制的根本改革，沒有這些，一切都無從談起。

四、信息產業的淘金者

計算機乃至信息產業於今如日中天，不僅是技術天才的功勞，更與產業巨

子們的努力分不開。他們不像技術天才那樣精通計算機，但他們對於技術潮流及發展有敏銳的把握能力，他們抓住了一個又一個的機遇，他們的事業毫無疑問地影響了人類文明的進程。

(一) 諾伊斯：開創半導體產業

諾伊斯於1927年12月12日出生在美國愛荷華州的鄉村，當時的鄉村鼓勵年輕人成為工程師，因為如果有機器壞了，坐等新零件運來是不現實的，可能要等很長時間，或者根本沒指望，因此最好的辦法是自己製作新的零件。這樣，小諾伊斯迷上了工程技術。

諾伊斯讀書後在數學和科技方面表現出了很高的天資，所以當他還在高中讀書時，他家的一位朋友——格林內爾學院物理系主任格蘭特·蓋爾（Grant Gale）邀請他去聽大學一年級物理學課程。1945年春季，諾伊斯從高中畢業，被格林內爾學院錄取，開始攻讀物理學學位，並於1949年畢業。在格林內爾讀書期間，有一次一支首批生產的晶體管在班裡展示，全班學生中數諾伊斯對它最著迷。他說，當他聽到晶體管發明的消息時，他感到仿佛被原子彈擊中。

諾伊斯在1954年獲得麻省理工學院博士學位，這時他想用所學知識做一點實際工作，而不想搞純理論研究，三年後他應晶體管的發明人之一肖克利的邀請加入了「肖克利半導體實驗室」，從事開發高性能晶體管的工作，與他同期被聘的還有另外7名才華橫溢的年輕工程師。起初，諾伊斯很仰慕他的新老板，他贊同肖克利將問題分解為最簡單的部分這樣的科研方法，對於肖克利針對問題提出正確假設的天才尤其崇拜。然而，肖克利在忙於研製四層二極管的時候，諾伊斯等人則致力於研究如何將晶體管用作理想的半導體器件，他們與肖克利在總體技術路線上發生了嚴重分歧。1957年春季，肖克利的8個得意門徒居然聯合起來向肖克利實驗室的資助人阿諾德·貝克曼（Arnold Beckman）提出解除肖克利的公司經理職務。這使貝克曼感到為難，因為肖克利剛剛獲得諾貝爾獎，他不能就這樣簡單地把肖克利趕走。同年7月這8個「叛徒」決定集體辭職。9月，他們與仙童照相和儀器公司簽約，由後者出資創辦一家新公司——仙童半導體公司，年僅29歲的諾伊斯出任公司經理。這件事情在當時很轟動。那時，仙童公司和肖克利實驗室是硅谷僅有的兩家半導體企業。

1957年，蘇聯成功地發射了第一顆人造地球衛星，這刺激了美國半導體製造商。

美國第一個集成電路已由杰克·基爾比在1958年夏季制成，但無法投放市場，因為還有些技術問題沒有解決。同時，諾伊斯在仙童半導體公司獨立地

發明了無須布線而將所有晶體管置於一塊硅片上的方法。他把金屬線印刷在氧化層上，晶體管的所有聯結都可以在一次工藝流程中完成。這種工藝不僅可以把一個晶體管的所有區域用印刷金屬線連接，而且可以把兩個晶體管做在一塊硅片上，並且可以用同樣的方法連接。一旦兩個晶體管可以做在一塊硅片上，那麼其他的電路組件也可以做在一塊硅片上。簡言之，這就是集成電路。諾伊斯找來律師，趕緊申請專利。

兩年後，1961年，專利獲得批准，微芯片的出現發動了電子學中的一場革命。下一步的工作應當是降低微芯片的生產成本。但這不是一朝一夕能做到的。第一批集成電路在1961年春投放市場，當時的售價是120美元。如此昂貴，幾乎無人問津。然而，沒過多久便出現了轉機。同年5月肯尼迪總統敦促美國應在20世紀60年代末以前將人送上月球。美國國家航空航天局（NASA）選擇諾伊斯發明的集成電路裝備空間飛船的機載計算機。對於仙童公司這是天大的喜事，它馬上成為每年創收幾億美元的大公司。微芯片的出現發動了電子學中的一場革命，人們公認諾伊斯開創了整個半導體工業。1969年7月尼爾·阿姆斯特朗（Neil Armstrong）登上月球，自此僅阿波羅登月計劃購買的集成電路就在100萬片以上。

1968年6月，因不滿仙童公司在開拓集成電路市場上的拖拉，諾伊斯退出仙童公司，與好友戈登·摩爾（Gordon Moore）——當年的「八叛徒」之一，組建了一家新公司，即英特爾公司，致力於開發多種用途的集成電路。在諾伊斯等人的領導下，英特爾公司成為在計算機微處理器方面的霸主，產品從最初的8088、80286、80386發展到全球聞名的「奔騰」芯片。統計數據表明，從1982年起的過去10年間，微電子技術共有22項重大突破，其中由英特爾公司完成的有16項之多。1985年英特爾公司的年銷售額增長到13億美元。英特爾公司生產的微處理器是全球數億臺個人電腦的核心，遠遠地將競爭對手甩在了身後，成為當之無愧的工業領袖。

1974年，諾伊斯將英特爾公司的日常管理工作下放給戈登和安德魯·格羅夫（Andrew Grove），自己僅擔任董事長一職。20世紀70年代末，他出任半導體工業聯合會會長。1980年，諾伊斯被授予美國國家科學獎章。3年後，他的名字進入美國國家著名發明家名冊。

關於未來，諾伊斯認為，計算機將越來越多地承擔起人們願意做的工作。他寫道：「我想擺脫日常瑣事，把它們統統交給智能計算機去做，從而把我們解放出來做那些人類能做而計算不能做的事情。」

我們正處在計算機技術突飛猛進發展的時代，期待諾伊斯預言完全變為現

實的那一天。實際上，有些預言已成為現實。

（二）托馬斯‧沃森：締造藍色巨人 IBM

在 20 世紀 40 年代，計算機是一些搞計算機的人為另一些搞計算的人製造的。但是，第二次世界大戰時，這種局面改變了。這神奇的機器開始為大眾所使用，這一轉變應歸功於托馬斯‧沃森（Thomas Watson）。雖然他自己似乎並不確信電子計算機的商業價值，但是他一手建立起來的計算製表記錄公司（CTR）業已成為商業巨人，從而在 20 世紀有能力迅速占據計算機企業的領導地位。

沃森是美國自由企業體制成功的典型。隨著 IBM 公司（國際商業機器公司）的建立和發展，他成為全美國最誘人、最有影響的公司總裁之一。20 世紀 20 年代和 30 年代，該公司成為自動電子機械和商用機器的主要製造商。20 世紀 50 年代末，該公司躍居電子計算機和商用機器製造業的霸主。1985 年，IBM 營業額達 50 億美元，有員工 40 餘萬人，是美國第五大公司和世界最大的計算機製造商。IBM 在 20 世紀 40 年代生產的計算機並沒有任何技術上的重大突破。但是，若沒有托馬斯‧沃森，計算機將可能永遠是計算器，不會逐漸發展為具有信息加工能力的計算機。

托馬斯‧沃森於 1874 年 2 月出生於紐約州的芬格湖西南的一個鄉村。童年時代，沃森幫助父親在農場和林場工作，以此維持家計。儘管他對農場和林場的工作都不感興趣，但他繼承父母的價值觀念：各種工作都要做好、尊重他人、著裝整潔；最重要的美德是忠誠，沃森稱之為「家庭精神」。他喜歡說：「一個人應該心裡裝著工作，工作裝在心裡。」

沃森的父親希望他從事法律，沃森卻在紐約州一所商業學校花了一年時間學習商業和會計，爾後於 1892 年 5 月在紐約找到一份會計工作。當時他每週薪水為 6 美元，可是會計工作並不合他的口味，他真正羨慕的是四處旅行的推銷員，他們的生活浪漫無比。所以 18 歲時，他上路了，做一個推銷員的助手，兜售縫紉機、鋼琴、風琴，每週掙 10 美元。他不做出討人喜歡的笑臉，不與人鄭重握手，但是，人們喜歡他的沉默寡言。積蓄了一點兒錢之後，沃森在布法羅城買下一家肉鋪，雇用了幾個幫手，自己卻又上路了，這次以一名有成就的推銷員為師，他們先為一家公司銷售公司股票。這位推銷員非常重視初次給人留下的印象，為此，年輕的沃森買了一套服裝，並保證用笑臉待人。

不幸，這位推銷員攜款潛逃，肉店又倒閉，沃森失業了。1895 年 10 月，他受雇於布法羅一家公司當推銷員。後來的歲月證明，沃森是成功的推銷員。1899 年，25 歲的沃森晉升為銷售處的經理。他提出提高推銷員士氣的一個口

號：「動腦筋。」他告誡職員們「我沒有想到……」這種話會給公司造成重大損失。鑲有「動腦筋」字樣的鏡框出現在公司各個辦公室。20多年以後這個座右銘重新出現在 IBM 公司。沃森的成功使他不斷晉升，公司還為他購買了房子和轎車。

1912年，他和其他30名公司職員被競爭對手指控為企圖廢除轉手貿易。後來，由於和公司總裁意見相左，他被解雇。雖然有幾家公司高薪聘他，令人吃驚的是，他選擇了一家經濟困難的公司——計算製表記錄公司。沃森心裡明白自己的選擇，他意識到市場對機器計算的需求。1890年，美國人口統計體現了機器統計的價值，統計時間從7天減少到3天。

沃森對 CTR 公司的作用是顯而易見的。3年後，公司的銷售額從420萬美元增加到830萬美元。沃森不斷鼓勵工程師發明超過競爭對手的機器。又過了3年，公司的全部銷售額升至近1,400萬美元。

1924年，50歲的沃森成為公司總裁，並將公司改名為「國際商業機器公司（International Business Machines Corporation，IBM）」。這個新名稱顯示出沃森對公司寬廣遠景的設想。儘管沃森十分瞭解精密儀器市場的潛力，但是他從一份報告得知：全國只有2%的計算工作由機器處理，這使他感到吃驚。至1930年他開始考慮信息加工的問題。當時需要加工的信息量之大，只有非常精密的高速儀器方可應付。

但是，當時處在大蕭條時期，致使他所做的努力效果並不顯著。後來發生了兩件事：其一是1935年「社會保險案」的出抬，其二是「工資計時案」的出抬。按照這兩個法案，商業部門必須記錄所付出的工資、工作時間和超時費。製表機和計時器的市場一下子就復甦了。當時已有的機器工作速度太慢，而電子設備的到來又遙遙無期。

為了尋找重大突破，沃森支持霍華德·艾肯（Howard Aiken）在1937年提出製造快速計算器的建議，艾肯得到了10萬美元的資助。最終，IBM 為這個項目投入了50萬美元。艾肯想讓他的機器成為通用機，可以存儲數據。設計工作從1940年開始，前後花了6年時間。艾肯的項目是 IBM 公司邁向計算時代的第一步。艾肯起初想在哈佛實驗室製造他的機器，但是沃森堅持讓他在 IBM 公司內製造，這樣他可以掌握項目進展情況。艾肯的機器「馬克一號」一直被認為是第一臺通用自動數字計算機。後來，康拉德·朱斯（Konrad Zuse）在德國開拓性的工作傳到美國後，人們才放棄這種觀點。沃森與艾肯為「馬克一號」的榮譽歸屬問題發生了爭執，一怒之下，沃森命令他的工程師馬上造出了超過「馬克一號」的新機器，從而結束了爭執。

這臺新機器於1947年完成，它比以前任何機器的功能都強大和靈活，超過了「埃妮婭卡」，它可以編微分方程。1948年1月27日，其首次在紐約市被展示，當眾計算了月亮過去、現在和將來的位置，引起轟動。許多年裡，它是唯一可讓公眾使用的電子計算設備。

IBM公司真正進入電子業是1946年IBM603機的製造，1948年又製造了IBM604，獲得了巨大成功。以後的10年裡，IBM共生產了56萬臺IBM604機。朝鮮戰爭後，研製工作加快，IBM701機問世，它主要為科學計算而設計。IBM701機型小、速度快，1秒鐘運算2.1萬次。IBM公司共製造了20臺IBM701機，每月租金高達24萬美元。

IBM始終在技術創新上積極活躍。1981年生產的個人計算機將其事業推上了新的高峰，至今仍主宰著計算機工業。沃森是了不起的商業巨子，既能分辨技術的潛能，又有商業組織天賦，他也敏銳地認識到與他人，特別是與政治合作的價值。

沃森每天工作16個小時，不要休假。他所得到的回報是高收入。早在1940年，他的年收入就超過了54萬美元。「對公司的忠誠是最重要的」，這是沃森的信條。他要求員工穿著黑色西服套裝，白襯衣。「動腦筋」的格言懸掛在辦公室的牆上，職員唱公司的歌曲、享受福利、參加培訓、出席會議。沃森從不開除員工，因為這會損害員工對IBM的忠誠。沃森的做法是給員工更多的培訓，監督他們的工作，或讓他們做容易的工作。他不喜歡任何借口，失誤的原因就是瀆職。沃森向員工保證終身雇用，工人可以提意見，直接向他提。工長的任務是幫助工人，不是逼他們完成一天的工作。這種工作風格在後來的年代裡流行起來。沃森超越了他的時代，日後證明他是對的，在20世紀50年代至20世紀60年代，IBM公司不斷擴展，不斷強大。羅斯福總統曾請他出任商業部長，但他拒絕了。羅斯福又提出要任命他為駐英國大使，他也拒絕了。IBM公司在第二次世界大戰時給美國帶來了好處，戰爭也給IBM公司帶來了好處。公司的總收入從戰前6,290萬美元增長到戰後1.417億美元。

1956年5月，在去世前一個月，沃森將IBM公司海外業務交給小兒子管理，將公司管理權交給長子。1956年6月19日這位IBM的創業人，因心臟病發作與世長辭，享年82歲。直到去世，沃森仍然保持著IBM公司總裁的頭銜。

（三）比爾·蓋茨：創造軟件產業的傳奇

微軟公司及其掌門人比爾·蓋茨幾乎是作為個人電腦發展上的神話而存在的。因為即使電腦行業是一個充滿希望和奇跡的領域，人們也很難坦然面對這樣的事實：一個計算機行業裡後起的小字輩，在不到20年的時間內發展成為

市場價值高達 400 億美元、全球雇員超過 16,000 人的軟件巨人。而其創始人，則由不名一文的窮學生發展為全球最富有的人之一，更重要的是，他讓全世界數億個計算機用戶俯首稱臣，在計算機世界中，他簡直是一位君王。

在比爾・蓋茨身上，我們看到了高科技、高智力與巨額財富的統一。同時也很少有人能像他一樣，將深刻的技術背景、精明的推銷和富於遠見的企業管理完美地結合起來，創造了個人電腦的新境界。

比爾・蓋茨於 1955 年 10 月 28 日出生在美國西雅圖市，其父親是一名成功的律師，母親則是一名教師。童年的比爾・蓋茨精力非凡，同時對自己感興趣的東西無比執著，任何事情都要爭第一。得益於深諳教子之道的蓋茨夫婦，小比爾能按照自己的興趣成長，並培養自己的特長。父親還鼓勵小比爾多參加社交活動，培養協調與領導的能力。

1967 年，比爾・蓋茨被父母送到了西雅圖一所名叫湖濱中學的私立學校去念書，這是西雅圖市專門為權貴子弟而設立的最先進的學校。在這裡，比爾・蓋茨與西雅圖領導階層中最出色、最聰明的後代進行著面對面的較量。很幸運的是，湖濱中學並不是那種沉悶、呆板的貴族學校，相反，這是一個能將學生的天賦以父母想像不到的方式激發起來的場所。在這裡，精力、智力、競爭意識、進取精神、慾望、商業敏感度和企業家意識是時刻被培養和激發的。比爾・蓋茨在這裡學到了許多，也結識了許多同他一樣的計算機神童，後來他們一起創建了日後的軟件王國。

1973 年，比爾・蓋茨離開西雅圖，到著名的哈佛大學學習。用他自己的話來講，是「為了向那些比他更聰明的人學習的」。按照他父親的願望，比爾讀的是法學院，沿著律師的成長道路前進。但是結果出乎人們所料，比爾失望地離開了哈佛大學。在還有一年就可以畢業時，他放棄了唾手可得的學位，放棄了當律師這一個擺在面前的發展順利、待遇優厚的機會，轉向了目前尚不明朗的個人計算機行業，與摯友保羅・艾倫一起創建了微軟公司，開始了他們在個人電腦軟件方面的奮鬥。

1980 年，初具規模的微軟公司迎來了發展的新篇章：與著名的電腦廠商——IBM 公司合作。比爾・蓋茨敏銳地抓住了這一機會，以其低廉的價格達成了與 IBM 的合作關係。這時，微軟公司已經表現出不可阻擋的發展勢頭，在比爾・蓋茨的領導下，產品的市場份額逐步擴大，利潤滾滾而來，看來沒有什麼能阻擋微軟公司的飛速壯大。

數年後，微軟公司羽翼豐滿，開始獨立地向各個強大的競爭對手挑戰，並取得節節勝利，連擁有數百億美元資產規模的公司也在軟件市場上敗下陣來。

微軟公司在比爾·蓋茨的領導下冷靜、從容地擊敗一個又一個對手，開闢了一個又一個市場，直到奠定今天不可動搖的霸主地位。1995年，是微軟公司和比爾·蓋茨大出風頭的一年，因為他們推出了令全球電腦界盼了好久的「『視窗』95」軟件，這是最新、功能最強的個人電腦操作系統。全球的廣告費用花了5億美元，可謂大手筆，惹得美國、法國等世界各地的微軟專賣店前，人們排隊等著買「『視窗』95」。如此場面，如此企業，也就是比爾·蓋茨能如此興風作浪。

今天，比爾·蓋茨向眾多的非計算機領域又發動了新一輪攻擊，包括數字電視、文化傳播、信息服務等領域。究竟這位世界首富能否像他在個人電腦軟件方面一樣繼續所向無敵？人們拭目以待。

（四）柳傳志：堅強的民族企業家

柳傳志曾經是中科院計算所的一位很好的學者，「下海」之前任微機研究室副主任。我們從前面聯想公司「逼」出來的創業過程中，已經瞭解了一點柳傳志。他當年是「被逼下海」的，很不情願又彆彆扭扭地在市場上折騰了一陣後，居然一發不可收拾。時至今日，作為中國信息產業發展縮影的中關村，幾經風雲變幻，老一批的創業者有的功成名就，有的小溝翻船；各個企業的最高決策層也經常發生分化組合，比如「巨人」集團挖走「方正」總裁晏懋洵曾轟動一時，但這不過是諸多「大跳槽」中的一例。但柳傳志一直沒倒，聯想從創業時的「十幾個人來七八條槍」發展到今天成為中國民族信息產業的中流砥柱，一直是以柳傳志為核心的集體領導。他們既艱難又小心地操縱著這艘大船，倔強地拒絕外資，精心雕琢出「聯想」的企業文化，柳傳志將他的領導才華和人格魅力，滲透到聯想的整個管理機制中。

柳傳志出生於金融專家家庭，曾在軍事院校裡長期磨煉，在科研機關中是學術帶頭人之一。他博聞強記、反應敏捷，是談判桌上的好手；他性格豪爽，有「本色總裁」之稱。他不喜歡別人給他戴高帽，但對「本色」的評價卻是欣然接受的。

關於聯想公司的創業，有許多故事，「十八相送」是有名的一個。

1984年11月，計算所王樹和、柳傳志、張祖祥等11人，在所長的授意下，為「拯救」計算所而「下海」。頭3個月，他們瞎打瞎撞，弄些電子表、旱冰鞋什麼的，結果什麼也賣不出去，無可奈何只好收攤。怎麼辦？柳傳志和王樹和呆坐在公司那間由傳達室改裝的辦公室裡，誰也沒有說話。柳傳志說：「回家吧!」起身送王樹和回家，一路上兩人不時地討論幾句，但都不算什麼好主意。兩人想得到了沉迷的程度，結果柳送王回家後，王又送柳回家，接著

柳再送王回家。最後，兩人終於想到了一起：「倪光南和他的中文漢卡!」日後證明，這就是今日擁有幾十億資產大集團的起點。「十八相送」的故事就這麼傳開了。企業家對企業的發展如此關注，以致痴迷，企業怎能搞不好?

聯想公司之所以能成為民族高技術企業中「不倒的大旗」，除了倪光南等技術人才的巨大貢獻外，還凝聚了管理人員的心血。「以人為本」的聯想管理機制，是柳傳志開創的，也是值得大書一番的。

「以人為本」，選人用人為首要。聯想職員每年考核業績，獎勤罰懶，每幾年來一次大的人事調動，按柳總的說法，這叫「大洗牌」。這個部門干干，那個部門干干，觸類旁通，有益工作，而且你只有經過幾回倒騰，才知道自己最合適哪一個位置。這種大調整，在聯想公司的高層管理層中亦如此。關於用人，柳總還有一招：「從納鞋底到做西裝。」很多到聯想的人確是學歷高、有抱負的人，但一律要從「納鞋底」的粗淺活兒做起。柳傳志認為：有「做西裝」的本事，卻甘心「納鞋底」的磨煉，這樣的人才品格堅毅，聯想公司才敢日後重用，不然一來就當主理裁縫，威風八面之後馬上就會干砸招牌的事。

「以人為本」，選好用好還要管好。聯想的管理很嚴。以前有人笑柳傳志：「聯想是驚人地混亂和驚人地創效益。」柳總一怔，從此，聯想公司的管理才走上全面和正規的路子。當時，剛剛頒布開會不許遲到的硬命令。不料，在一次高層會議上，一位聯想公司德高望重的老前輩卻遲到了，大家都沉默了，按要求得罰一分鐘，這下怎麼辦? 柳總走到老前輩面前，說：「聯想的紀律不能壞，今天就委屈您站一分鐘，下了班，我上您家站一個鐘頭去賠罪。」某次，柳傳志在電梯裡因故障被卡住了，他拍著門叫：「我是柳傳志! 你們不管誰快到會議室去給我請假!」紀律之嚴，不在制定之嚴，而在執行之嚴。除了開會不許遲到之類的約束外，聯想公司更有幾道「天條」。聯想人以其管理嚴、效率高在產業界獨樹一幟。

柳傳志的人才觀很簡潔：「人才有三種類型，第一種是能自己獨立做好一攤子事；第二種是能夠帶領一群人做事；第三是能夠制定戰略。公司小的時候，更多地需要的是第一種人才；公司發展到一定程度需要較多的是第二種人才；公司發展到比較大的時候，第三種人才就尤其珍貴。」從1989年後，聯想內部成立管理培訓學校，開始在實戰中培訓後兩種人才。

柳傳志自己，是一位出色的戰略人才。當年，國家微機紛紛出世，聯想公司也有這種實力，但柳傳志沒這麼干。他認為，國產貨目前難創品牌，因為國

內計算機企業技術與實力累積還不夠，匆匆上陣的結果，只能是在賺點小甜頭後，被進來的外國貨扼殺（幾年後事實印證了這一判斷），所以說現在應先走出去看看。但這是很冒險的，如何走？柳傳志想了個辦法：「瞎子背瘸子。」近利用優勢，成立香港聯想公司，香港合夥人信息靈通、精明能幹，但缺乏啓動資本，是「瘸子」，聯想有啓動資金，但一點都不瞭解國際市場，是「瞎子」。柳傳志沒有用什麼「兩強攜手」之類的浮誇詞語，反用「瞎子背瘸子，成就海外事」這種大實話，反應了他的海外市場戰略。其實，聯想也不富有，但有膽識，香港聯想成立大會，風風光光，頭面人物請來一批，場面直逼IBM。柳總認為，在那種地方開張就沒聲勢，人家怎麼信任你的東西？這也是柳傳志的戰略。後來，海外市場有波動了，聯想虧了不少錢，大家心痛不已，想撤回來。柳傳志在仔細分析了世界市場動態後，堅決認為，不能撤，再頂住一陣就好了，果然，幾個月後，世界市場好轉，聯想有備無患，將市場開拓得更大了。現在，全世界的電腦主板賣 10 塊，就有 1 塊是「聯想」，市場能打成這樣，也虧得柳總一年有 2/3 的時間蹲在海外。

　　累積了足夠的實力，柳傳志有了信心，在外國電腦進入中國的今天，聯想毅然推出了自己的精品電腦，品質、服務、銷售手段、方方面面的管理，絕非當年的國貨企業可比。幾個浪下來，還真只有「聯想」等少數幾家沒有倒。

　　柳傳志就是柳傳志，「本色總裁」，堅強的民族企業家，在世界信息產業潮流中闖出了中國人的風範。

第三節　波拉特測算方法和信息化指數法

　　要研究信息產業的發展對經濟增長的作用，首先要對信息產業的發展水準進行衡量，而信息產業的增加值只能從一個側面反應信息產業的發展水準，所以要研究其對整個經濟增長的影響，就必須考察其綜合能力和水準，於是本書通過信息化水準的測算去衡量信息產業的發展水準，進而研究信息產業對經濟增長的影響。信息化水準可以從不同角度運用不同方法進行測度，目前，比較通用的宏觀測度方法有兩種：第一種是美國著名學者波拉特提出的以最終需求測度信息經濟的「波拉特法」；另外一種是日本學者提出的依據某種綜合社會統計數字間接測度信息化水準的信息化指數法，又稱 RITE 模型。

一、波拉特測算方法

（一）方法的說明

「波拉特法」是1977年波拉特在給美國商務部的研究報告《信息經濟：定義與測量》中提出的。他首次提出了一整套測量信息經濟規模和結構的方法，建立了以信息部門占GNP比例為指標體系的測算模型，這個方法的核心內容是將國民經濟中的信息部門分為兩大部分，第一信息部門包括所有直接可以向市場提供信息產品或信息服務的企業或部門；第二信息部門是指把信息勞務和資本提供給內部消費，而不進入市場的信息服務部門。

（二）方法的評價

波拉特從產業發展的角度對信息經濟進行了定量研究，首次從國民經濟各部門中識別出信息行業，也就是給了信息產業一個明確的定義，並且以定量的方式反應出信息產業或信息勞動力在整個經濟部門中的比重及其變化，但是由於時代的局限性，他們並沒有提出信息化的概念及內涵，下面就對該方法的優缺點分別進行具體說明。

波拉特方法的具體貢獻表現在：第一，波拉特第一次比較系統地提出了信息經濟的測度理論與方法，且具較強的可操作性；第二，波拉特提出了經濟的兩大領域劃分觀點，一個是包含物質和能源轉移的領域，另一個是包含從一個模式向另一個模式的信息轉換的領域。但是，波拉特的理論和方法並非完美無缺，也存在著一些缺陷和不足：首先，該測算方法只是可以大致用來表示「經濟信息化」的程度，但是不能準確和全面地反應社會信息化水準；其次，信息產業中的傳統部分對計算結果的影響太大，以計算機和現代通信技術為核心的信息化的重要時代特徵在該指標體系中未能很好地體現；最後也是該方法最大的缺陷就是該模型運算過於複雜，對統計資料的要求極高，當前許多國家的社會經濟統計體系都很難滿足這種要求，再加上統計工作的滯後性，因此該方法的可操作性較差。

二、信息化指數法

（一）模型的說明

信息化指數法又稱RITE模型，是在20世紀70年代後期由日本電信和經濟研究所的研究人員提出的，有很強的操作性和實用性，該模型的最初結構共採用4個二級指標分別為信息量、通信主體水準、信息指數和信息裝備率，還

有11個三級指標，其中通信主體水準採用2項指標：每百人在校大學生數、第三產業就業人口比重；信息量採用5項指標：每平方千米人口密度、人均年使用函件數、每萬人書籍銷售點數、每百人每天報紙發行數、人均年通話次數；信息系數僅採用1項指標：個人消費中除去衣食住以外的雜費所占比重；信息裝備率採用3項指標：每萬人計算機數、每百人電話機數、每百人電視機數。

具體計算方法為，首先選定基年，將基年各項指標的指數值定為100，通過相比計算得到其他年度的同類指標值的指數，再採用一步算術平均法或分步算術平均法求得信息化指數。

(二) 模型的評價

日本信息化指數法的貢獻在於：

首先，信息化指數模型既可以縱向比較又可以橫向考察，而且能反應出考察對象某方面的缺陷與失衡，並能夠將信息化進程的相對階段和差距以量化的方式反應出來；其次，信息化指數法在一定程度上避免了波拉特法測算時進出口因素的影響；最後，信息化指數法所選用的參數少，計算方法簡便，並且所需要的統計資料易獲取，有較強的可操作性和實用性。

但是，日本信息化指數法也存在一定的缺陷，主要反應在：首先，由於理論發展和對信息化概念內涵理解上的局限，該指標模型反應的指標體系還不夠全面，對主觀層面的東西涉及較少，如沒有設計反應信息、基礎設施建設狀況等方面的指標，因而不能全面和準確地反應國家信息化發展水準。

另外，該指標模型僅選取實物測度指標，沒有選取價值測度指標來反應信息化的發展水準，可能會造成測度結果的不可比性或不連續性。

最後信息化指數法在計算上採用的是平均算術法，對其指標體系中各個指標沒有賦予不同權重，因而不能區分出指標變量對最終信息化指數貢獻程度的不同，把各個指標都放在了同等重要的地位，掩蓋了其實質差異。

三、中國信息化指標體系的構建

(一) 指標選取的差異

中國直到20世紀80年代中期才開始對信息化的相關理論以及適合中國的信息化發展水準測度方法進行研究探索，起步較晚。國務院信息化工作領導小組在1997年全國信息化工作會議上，才首次提出了國家信息化的定義，據此最終確定了信息化體系框架，包括：國家信息網絡、信息資源、信息技術與產

業、信息技術應用、信息化人才、信息化政策法規和標準規範6個一級要素，同時還設置了20個二級指標，這些指標相對於國外的測度指標來說更加具體，並且都是結合中國實際情況選取的指標，實際意義較強。

(二) 適合中國國情的信息化指標體系的構建

根據中國信息化發展的現實水準以及指標體系的研究現狀，相關學者建立了一套信息化水準總指數的指標體系，這套指標體系設置了6個大類，共25個指標，指標的數據基本上可以反應一個國家或地區的信息化水準及發展態勢。但是在本書中所採用的指標為23個，沒有信息網絡建設中的微波通信線路和衛星站點數，由於資料有限，筆者沒有找到這兩個數據，因此將該兩個指標的權重平均分配到其他兩個指標上，但並不影響實際測算結果。

第四章 信息產業與經濟增長理論研究

第一節 信息產業的界定

一、信息產業概念的產生與演進

1959年，美國著名經濟學家馬爾薩克（J. Marschak）發表了《評信息經濟學》一文，提出了研究經濟學特有的信息範疇課題；諾貝爾經濟學獎獲得者斯蒂格勒（G. J. Stigler）在研究信息的成本、價值及其價格等的基礎上，於1961年在《政治經濟學》雜志上發表了著名的論文《信息經濟學》，首次將信息作為經濟活動的重要因素和經濟運行的機制加以研究。20世紀50年代末「信息經濟學」作為正式的學科概念被提出，但是這些都僅僅限於微觀層面上的分析。

按照普遍的觀點認為，美國經濟學家普林斯頓大學教授馬克盧普（F. Machlup）於1962年發表了《美國的知識生產與分配》（The Production and Distribution of Knowledge in the United States）一書，首次提出「知識產業」（Knowledge Industry）的概念，分析了知識生產和分配的經濟特性及經濟規律，闡明了知識產業的產值在國民生產總值中的高比例以及知識產業的高增長速度，引起了經濟學界和信息學界的極大震動，雖然馬克盧普的知識產業概念和現在的信息產業有一些出入，但是基本反應了信息產業的主要特徵，自此以後，經濟學家開始把知識產業作為一個獨立的經濟部門來專門研究，從而開始了從中觀和宏觀層面上分析信息產業在整個國民經濟中的地位和比重及其對國民經濟的貢獻。

二、信息產業概念的界定

（一）信息產業的定義

由於處於不同的歷史發展階段，國內外學者和研究機構對信息產業的定義

也不同。

美國信息產業協會認為，信息產業是指依靠新的技術和信息處理的創新手段，製造和提供信息產品和信息服務的生產活動組合。

歐洲信息提供者協會認為，信息產業是指提供信息產品和服務的電子信息工業。

中國學者認為，信息產業是與信息的收集、傳播、處理、存儲、流通、服務等相關產業的總稱。烏家培認為，信息產業是從事信息技術設備製造以及信息的生產、加工、存儲、流通和服務的新興產業部門，由信息設備製造業（硬件業）和信息服務業（軟件業）構成。

綜合以上觀點，信息產業是社會經濟活動中專門從事信息技術開發，設備、產品的研製生產以及提供信息服務的產業部門的統稱，主要包括信息工業、信息服務業、信息開發業（包括軟件產業、數據庫開發產業、電子出版業、其他信息內容業）。

(二) 信息產業的分類

由於人們對信息產業的定義的內涵與外延理解不同，所以信息產業有多種分類。

美國的信息產業分類：廣播網、通信網、通信技術、集成技術、信息服務、信息包、軟件服務和信息服務。

中國信息產業分類：第一類是信息技術設備製造部門，分別為微電子技術器件製造業、計算機技術設備製造業、通信與網絡設備製造業、多媒體技術設備製造業、視聽技術設備製造業、微縮複印技術設備製造業、電子技術設備製造業和信息基礎設施業；第二類是信息商品化部門，分別為信息生產產業、信息傳播產業和信息服務產業；第三類是準信息部門（附屬於非信息產業內部的信息部門）。

第二節　信息產業的特徵分析

任何產業的特徵都是從兩個方面體現的，一個是產業形態，另外一個是產出形態。要想構成一個獨立的產業，就必須在以上兩個方面跟其他產業有所不同。信息產業的產業形態特徵是信息產業的勞動對象是無形的信息，勞動力結構是軟件設計人員、工程技術人員、科學家等腦力勞動者。信息產業的產出是信息產品和信息勞動，這種產品和勞動同樣也是無形的，它一般要經過消費者

的再勞動或者要和物質生產相結合才會產生效益和增值，不能直接獨立地對社會發生作用。以上兩點都是其他產業所沒有的，也是信息產業區別於傳統產業的特點，具體來說，信息產業的產業特徵有以下幾點。

（一）信息產業是戰略性、突破性的領頭型產業

在經濟全球化的今天，經濟系統的高效運作不僅需要現代化的基礎設施還需要及時有效的信息，能否及時獲得有效的信息資源已成為國際經濟競爭的關鍵所在。隨著信息化和經濟全球化的進一步加深，信息資源在各國的戰略性地位變得更加突出。信息產業是對信息知識、信息資源進行收集、處理、儲備、流通的產業，因此信息產業在當今和未來社會發展中的戰略性地位越來越突出。信息時代以來，信息技術不斷促進新技術革命。互聯網、雲計算、物聯網等新一代信息技術的出現為生物工程、海洋開發、新材料工業、新能源產業和新興服務業帶來契機，促使了高新技術產業群的出現。在高新產業群的發展中，以信息技術為核心的信息產業起著不可超越的突破作用。每次信息技術革命都會促使新興產業群的革命，因此可以說信息技術的突破程度在很大程度上決定了新興高科技產業群的發展速度。

（二）信息產業是滲透性強、關聯度高的帶動型產業

隨著中國信息化的加深，「金財」「金卡」「金農」「金水」等重大信息工程的進一步完善，政府對「三農」信息化、工業信息化、服務業信息化的大力支持，信息產業廣泛地滲透到中國社會各個產業部門和各項經濟活動中。信息產業對各項經濟活動的廣泛滲透來源於信息技術的普遍應用，其滲透的結果是促進了傳統產業的生產率、提高了傳統產業的生命力，創造了較高的經濟效益，促進了人民的生活水準和生活質量的提高。信息產業的強滲透性促使其與傳統產業的很多經濟活動都有密切的聯繫，而且信息產業所波及的範圍十分廣泛，因此可以說，信息產業與各行各業都有理不清的關聯。這種理不清的關聯逐漸改變著社會經濟活動方式和人們的生活習慣，鞭策著中國經濟的發展。

（三）信息產業是知識、智力密集型產業

人類已進入「新經濟」時代，在這個時代裡，最重要的是知識。信息產業的勞動力是軟件設計人員、工程技術人員、科學家等腦力勞動者。勞動對象是無形的信息，勞動產出是信息產品和信息勞動。無形的腦力勞動、無形的信息、信息產品和信息勞動就是知識的另一種表現形態。信息技術的創新、信息產品的開發都是人類知識的結晶，因此信息產業是典型的知識密集型產業，在其生產、加工、儲存使用的各個環節中，知識和智力所占的份額都很高。換個角度說，在「新經濟」時代，人才資源是信息產業最具實力的資本，知識和

智力對信息產業的發展起著決定性的作用。

（四）信息產業是技術更新快、加速性的創新型產業

信息產業是以信息技術為核心的知識、智力密集型產業，信息技術更新換代的速度相當快。從計算機的誕生到現在才短短幾十年的時間，計算機卻經歷了電子管計算機、晶體管計算機、中小規模集成電路、大規模集成電路和超大規模集成電路5次更新換代。目前，各國信息產業對科研和開發（R&D）的重視程度越來越高，2001年中國科研與開發經費支出占GDP比重為0.95%[1]，到2011年該比重翻了一倍，達到1.84%[2]。技術的更新為社會帶來效益，社會投入更多的人力和經費開發新技術，開發的技術再為社會創造豐收，這樣不斷循環，加快信息產業的技術及其產品的更新，縮短產品的生命週期，降低產品的成本，為社會帶來規模效應和遞增效益。

（五）信息產業是需求廣、增長快的新興產業

信息產業自20世紀60年代以來，在短短的幾十年裡，就形成了巨大的規模，現在仍以平均年增長20%以上的速度向前發展。有些行業，如微處理器業、個人計算機業、辦公計算機業、集成電路。各種軟件業、信息服務業、廣告業、數據庫業、電子信息業等，平均年增長率達30%左右，甚至更高。信息產業的發展將大量的產業引向電子化、信息化、自動化，帶動了社會對它的需求。

（六）信息產業是產出效益高的高增值型產業

信息產業是知識、智力密集型產業，其技術智力含量高、資金密集，本身具有高產值、高增值和高效益的特點，能形成規模效益和邊際報酬遞增。因此隨著信息產業規模的擴大，信息產值占國民經濟的比重越來越大。除此之外，信息產業具有很強的滲透性，通過向社會各領域提供多種信息設備、信息技術和信息服務，進而廣泛地滲透於社會經濟的各個領域和各個生產環節，提高傳統產業的生產力，縮短產品的生命週期，降低產品的成本，對經濟產生巨大的間接效益。信息產業的高產出效益使信息產業對經濟增長的倍增作用更加明顯，目前各國都倡導大力發展信息產業，以實現信息產業對經濟增長的倍增作用。

（七）信息產業是高投入、高風險型、不確定性強的產業

信息產業是知識、智力密集型的高技術產業，在信息產業發展時期需要投入大量的資金和高素質人才。這些龐大的資金和人才投入除了用在製造「硬

---

[1] 資料來源於《中國信息年鑒（2002）》。
[2] 資料來源於《中國信息年鑒（2012）》。

件設備」之外，還用於「軟件」的生產和流通。信息產業基礎設施的建設、通信網絡的普及、高科技人才的使用以及信息技術的開發，等等，都需要大量的資金投入。以美國信息產業投資為例，為了完成信息高速公路這項宏大的工程，需要高達 4,000 億美元的巨額投資。中國信息產業投資也在不斷增加，就科研與開發經費支出占 GDP 的比重來說，自 2001 年來，每年該比重都在以 5% 的速度增加。信息產業是高效益型產業，但其投資的風險性和不確定性也高。這主要是因為技術開發和市場需求的不確定性、超前性、複雜性和實效性使這些投資具有一定風險。

（八）信息產業是高就業型產業

以辯證的眼光來看信息產業是高就業型產業可以從兩個方面說：一是在信息產業規模的擴大的過程中，信息產業為社會提供了很多就業機會，同時信息產業的發展帶動了旅遊、交通、文化、金融、教育、服務等相關產業的發展，這不僅可以提供更多的就業機會，還可以創造許多新的職位，提高了社會就業率。除此之外，信息產業的發展不斷改變著人們的生產方式，通過遠程控制、視頻會議、移動電話等，人們可以在家完成工作，這樣間接地促進就業。二是信息產業是知識密集型的高科技產業，對本行業就業者的知識水準要求很高。信息產業對從業人員的高要求在某種程度上會給社會帶來結構性失業的問題，但高素質人才供不應求的現象也會鞭策國家通過政策引導、教育培訓來提高勞動人員的從業水準，這在某種意義上說反而提高了中國的就業水準，間接促進經濟發展。

（九）信息產業是低能耗、無污染的持續發展產業

信息產業是知識、智力密集型產業，也是非物質化的產業。主要表現為人才資源是信息產業最具實力的資本，對信息產業的發展起著決定性作用的是知識和智力。相對於其他產業而言，信息產業對能源（石油、煤等）的依賴很少，在其經濟活動的各個環節所產生的污染少，從而保護了生態環境，促進了可持續發展。因此，發展信息產業是中國可持續發展道路上的必然選擇。

第三節　信息產業的形成和發展趨勢

一、信息產業的形成

隨著社會信息分工的專業化、社會生產系統和市場交易體系的複雜化，人們對信息的需求越來越高，對信息產品的數量與質量要求也逐步提高，當這種

需求形成一定規模，信息的專業化生產也隨之逐漸形成一個獨立的產業，信息產業的規模經濟性也就漸漸形成了。

1998年國家信息產業部成立，標誌著中國信息產業的基本形成，總體來說，信息產業的形成有四個標誌：一是信息產業部門獨立化，也就是信息產業的經濟活動不再從屬、依附於三大產業，已經成為一個自成體系的獨立產業；二是信息產業勞動具有職業性和有償性，這是指人們可以以信息產業的勞動謀生，不是義務勞動或免費的服務，是有償的；三是信息產業的整體化，由於信息產業部門分類比較齊全，即使獨立出來的部門也不是個別行業，而是可以作為一個有機的整體；四是現代信息技術的核心技術基本產業化、自主化，信息技術只有在被完全消化吸收後，才有可能進行創新，進而才可能有自主的知識產權，才有可能形成獨立的民族信息產業。

(一) 信息產業的發展規律

與傳統產業相比，信息產業既遵循產業發展的一般規律，又有獨特的技術經濟發展規律，在新經濟發展最快的一段時間裡，信息產業呈邊際收益遞增規律，這是因為在傳統產業中，在給定的技術條件下，當使用的某種投入物增加到一定量時，投入產出曲線上必然會出現拐點，在這點之後產出下降，這與物質、能量資源的稀缺性、技術進步的相對穩定性和市場容量的飽和性相關。而信息產業不同，它基本是保持遞增趨勢，這是因為信息技術進步速度快，電子硬件產品產量一般在達到邊際收益即將遞減的那點之前就已經有了技術進步，因此看起來就是一直遞增的；另外，信息產業技術的開發需要投入大量資金，造成了高的進入壁壘，再加上信息產品核心技術最初的壟斷性，其初始價格也能體現技術創新的壟斷價格，而信息產品複製或大批生產的成本卻很低，所以產品的邊際成本接近於零，因而就算信息產品價格在持續下降，其邊際收益仍然是增加的。

(二) 信息產業的產業結構

信息產業的產業結構是指在中國國民經濟體系中，信息產業與其他所有非信息產業之間以及信息產業內部各部門之間的聯繫和量上的比例關係，包括信息產業外部結構與信息產業內部結構。

信息產業的部門結構是指按照信息產業在生產、流通、分配、消費等不同過程中的共性和個性而區分的一組或多組產業之間的聯繫及其形式，其可以按照多種標準進行割分。

二、信息產業的發展趨勢

隨著世界各國信息意識的逐漸增強，當今世界信息產業領域已經改變了過

去由發達國家一統天下的格局，逐步向發達國家、發展中國家、新興工業化國家、經濟次發達國家相互競爭的多極化方向發展，競爭日漸激烈。因此，中國信息產業的發展將向多極化、國際化的方向發展，另外現代社會各個國家之間的競爭說到底還是科技知識和人才的競爭，因此人力資源的雄厚與否成了信息產業發展的關鍵，對於能否實現信息產業從大到強的戰略性轉變具有至關重要的意義。

第四節　信息產業發展與經濟增長理論

一、經濟增長理論

（一）馬克思主義經濟增長理論

馬克思的經濟增長理論主要是指社會資本再生產理論，馬克思把社會資本的再生產分為簡單再生產和擴大再生產兩種形式，前者是指社會生產規模沒有發生變化的一種再生產，後者是指社會生產規模擴大的一種再生產。擴大再生產也分為兩個方面：一是增加生產要素，二是提高生產要素的生產率或利用率。費爾德曼將馬克思主義經濟理論用數學模型表示出來，列寧和毛澤東等其他馬克思主義經濟學家將馬克思主義理論與本國實際情況結合，不斷豐富和發展馬克思主義經濟增長理論的內容。

（二）古典經濟增長理論

古典經濟學家威廉·配第說，經濟增長的兩個主要因素是土地和勞動，亞當·斯密認為勞動分工和資本累積可以促進經濟增長，勞動分工可以提高生產力，資本累積可以促進擴大再生產。大衛·李嘉圖認為增加勞動數量和提高勞動者的生產效率可以促進經濟增長，資本累積對經濟的增長也有一定的作用，認為對外貿易可以擴大再生產，實現財富的不斷增長。由此可見，古典經濟學家認為土地、就業人數、資本累積和對外貿易是促進經濟增長的主要原因，但由於受到當時經濟發展水準的制約，沒有認識到科學技術對經濟增長的影響。

（三）新古典經濟增長理論

新古典經濟學家羅伯特·索洛認為經濟的增長不僅與資本和勞動力有關，還與技術有關，他建立了新的經濟增長模型：$Y = A(t) \cdot F(K, L)$，其中 $A(t)$ 表示在 t 時期的技術水準，K 表示資本存量，L 表示勞動量，儘管索洛認識到技術對經濟的作用，但他沒有明確地解釋技術是如何影響經濟增長的。

(四)新經濟增長理論

新經濟增長理論學者認為專業化知識、技術進步和人力資本可以使經濟產生遞增效益，專業化知識和人力資本的水準越高，經濟增長率也越高，技術的進步也是推動經濟發展的主要力量，要實現經濟的快速和持續發展，需要依靠人力資本的提高和科學技術的發展。

二、信息產業對經濟增長影響的理論

信息產業對經濟增長有兩個影響：一是信息產業發展對經濟增長的直接影響，信息產業和農業一樣，作為國民經濟的一個產業，信息產業中的電子信息製造業屬於第二產業，軟件業和郵電業屬於第三產業，信息產業規模的擴大也意味著國民經濟的規模在擴大，其產業的不斷發展使經濟總量和質量也不斷得到提高，直接促進了經濟的增長；二是信息產業發展對經濟增長的間接影響，信息產業與其他產業具有很強的滲透性和關聯性，信息產業對傳統產業的改造可以提高傳統產業的生產效率和產品的質量，降低生產成本，促進傳統產業的發展，間接促進經濟的增長。

三、經濟增長理論在信息產業對經濟影響中的應用

馬克思主義經濟增長理論認為提高生產要素的生產率來擴大再生產可以促進經濟的增長，由於中國的一些技術比較落後，生產效率比較低，在市場上不具有競爭力，而信息技術可以提高傳統產業的生產率，推動相關產業的技術進步，降低生產和交易成本，提高管理水準，有利於社會擴大再生產，提高產業的經濟效益。

新古典經濟學者認為資本、勞動和技術是經濟增長的三個主要原因，專業化的知識、技術的進步和人力資本的水準提高都可以促進經濟增長，技術的發展和進步是經濟增長的重要因素，信息產業和其他產業具有較強的滲透性和相關性，信息技術是科技技術中的主要組成部分，信息技術的發展對經濟有直接和間接的影響。

第五章　信息產業與經濟增長的關係分析

第一節　信息產業發展促進經濟增長的機制研究

信息產業形成於20世紀60—70年代，目前正步入高速發展階段。隨著社會信息化進程的加快，信息產業已成為跨世紀的支柱產業，其興衰決定著整個經濟的走向，信息產業作為經濟的一部分對經濟增長有著密切的聯繫。隨著社會的發展，信息幾乎滲透社會的各個層面，信息產業已成為當今世界的一個新興經濟增長點，發展為主導產業，支持經濟的持續增長。中國經濟增長點的支柱也將依賴於信息產業的發展，其在經濟和社會發展中的地位越來越重要，已成為國民經濟的支柱產業和經濟發展的強大推動力，因此，信息產業的發展水準已成為衡量一個國家綜合國力和國際競爭力的重要標志。

一、信息產業對經濟增長的影響

在新古典經濟增長理論中假設技術進步這一因素是外生的，它不能解釋技術進步究竟怎樣發生，所以不能很好地解釋發達國家的經濟增長，因此誕生了將技術進步作為內生增長因素的新經濟增長理論，信息產業發展促進經濟增長的內生經濟增長理論。

信息產業對經濟增長的影響，可以分解為兩個方面：

一方面是信息產業對經濟增長的直接影響。也就是說信息產業的發展是經濟增長的動力，信息產業本身是國民經濟中的基礎產業、先導產業和支柱產業，同時又屬於高新技術產業和現代服務業的範疇，其自身的不斷發展壯大就意味著國民經濟規模的擴大，拉動了內需，擴大了全社會的就業規模，在外貿出口、稅收等方面都帶來了增長，直接促進了經濟增長。

另一方面是信息產業對經濟增長的間接影響。這一作用主要體現在信息產業與其他產業之間存在著很強的關聯性。第一，信息產業與其他產業存在著前向關聯性。信息產業的發展要依賴於其他產業對信息產業產品的需求，其他產業部門對信息產業最終產品的需求越大，信息產業的發展就越能有效地促進其他產業的擴張，從而推動其他產業發展。第二，信息產業與其他產業存在後向關聯性。信息產業的發展也依賴於其他產業的最終產品，信息產業對其他產業部門最終產品的需求越強烈，就越能有效地促進其他產業的發展。這樣，信息產業就能有效地通過和其他產業之間的關聯作用，相互促進，推動國民經濟的增長。

二、信息產業發展促進經濟增長的機制分析

內生經濟增長理論解釋了信息產業促進經濟增長的根本原因，如果把這一原因具體化，可以分解成五個機制：

(一) 信息產業的收益遞增機制

傳統經濟學認為，均衡標誌著產出最優，資源得到了最有效的利用和配置。但是在現實生活中，卻經常可以看到邊際收益遞增的現象，信息產業由於其本身的特性，隨著知識要素投入的增多，帶來明顯的收益遞增現象。Dewan 和 Min（1997）的研究表明信息技術是對一般的資本和勞動淨替代，使得收益遞增的效應越來越顯著。收益遞增機制形成的原因可以分為三個：資源、成本和學習效應，由此便相應產生了造成信息產業收益遞增機制的三個原因：

1. 資源因素

傳統的農業和工業都依賴於自然資源，傳統農業建立在土地資源的基礎上，傳統工業建立在能源和礦藏儲存的基礎上，由於土地、能源、礦藏等物質資源具有唯一性、排他性、稀缺性和不可再生性，隨著資源開發程度的深入，開發成本不斷上升，資源的數量越來越少，最終導致收益遞減。信息產業不同於傳統的農業和工業，它是一種新興產業，以現代科學技術為核心，建立在信息的生產、存儲、使用和消費之上，其所依賴的主要資源是具有共享性的信息資源，對物質資源的依賴則大大減少了。信息資源和物質資源相同，其使用沒有排他性，可以供多人同時共享，並且隨著使用和開發程度的加大而保持持續增長，同時信息資源並非不可再生，通過學習和累積，信息資源是可以再生的，並且是比原來優化了的資源。這樣，信息資源通過開發、利用和再生這一循環過程，促使開發成本不斷降低，從而產生收益遞增。

2. 成本因素

傳統物質資源的不可再生性，使其隨著剩餘儲存量的減少而成本不斷升高，從而導致了傳統產業的生產成本上升。信息產業的明顯特徵則是研製開發新技術的初級階段需要的投入很高，失敗的風險較大，但是一旦開發成功，以其為應用而開發出新產品並投入市場後，在實際的產品生產製造階段投入則較低。這一點在軟件業中表現得最為明顯。信息產業同時還具有生產過程初始需要投入的固定成本高，但在生產過程中的可變成本低的特點。這樣，隨著生產規模的擴大，平均成本呈不斷下降趨勢。也就是說，信息產業具有很強的規模經濟效應，從而導致了收益遞增。

3. 學習效應

學習效應是指企業的工人、技術人員、經理等人員在長期生產過程中，可以累積產品生產、技術設計以及管理工作經驗，生產的邊際成本會呈現下降的趨勢。在信息產業這樣一種以知識為主要要素投入的經濟中，學習效應尤為顯著，知識和經驗在傳播和學習中比物質更便捷。縱觀世界，可以發現現代信息技術往往都掌握在一家或數家跨國公司手中，它們牢牢地佔據了市場份額，呈現出收益遞增的現象，獲得了巨額利潤。

（二）信息產業的規模經濟機制

規模經濟（Scale Economy）是指隨著生產規模的擴大，單位產品的成本下降，收益上升的現象。信息產業相比其他產業，有著天然的規模經濟特徵。信息產業規模經濟效應構成信息產業推動經濟增長的內在基礎。信息產業形成規模經濟的原因主要有三個：一是通過全行業的外部積聚特徵使行業平均成本下降而實現規模經濟，信息產業往往在區域內形成集群，通過全行業成本的下降而實現規模經濟，這些年來，計算機硬件技術不斷升級，而價格卻越來越低，正體現了這一點；二是信息產業可以通過分散經營、專業化、全球一體化而獲得規模經濟效應，這種全球一體化條件下形成的專業化極大地降低了信息產業廠商的生產成本而實現規模經濟；三是技術和生產工藝上的領先以及知識產權的保護使信息產業可以維持其規模經濟。除了上述原因外，信息產業中的自然壟斷特徵也使得其保持了規模經濟，使其具有獨特的優勢，具有自然壟斷特徵的信息產業部門在進行產品和服務的生產時，其較低的邊際成本會對社會經濟發展產生刺激效應，降低社會其他生產的生產和服務成本，從而使全社會經濟增長速度加快。信息產業的規模經濟效應和空間聚集效應是密切相關的，信息產業成群地聚集在某一有利的地理區位內，可以優化自身的資源配置，獲得規模經濟和範圍經濟，通過空間聚集，可以降低成本，推動技術進步和交流，共

用基礎設施，吸引更多的生產者進入。中國「珠三角」地區的信息家電產業群、上海的汽車及其零部件產業群都體現了這種空間聚集效應。

(三) 推動技術創新的機制

技術創新在現代經濟增長中的作用越來越重要。首先提出創新概念的是美籍奧地利經濟學家約瑟夫·熊彼特，但信息技術創新不同於傳統的技術創新，由於信息技術具有強滲透性，在其自身創新的過程中，通過滲透到其他產業，同時可以帶動其他產業的技術創新，信息產業的發展過程實際上就是一個不斷創新的過程，信息產業需要在研發中大量投入資金、人力、物力，而新技術的開發成功，應用到信息產品上，會大大提高其競爭力，占據市場有利地位，帶來高收益，這樣就會有更多的要素投入到技術研發中，形成一個有效的循環促進機制，有力地推動了技術創新。

(四) 促進傳統產業發展的機制

非均衡經濟增長理論認為，經濟增長與產業結構的變動有著密切的相關關係，產業結構的演進過程就是經濟發展過程，經濟發展水準的提高在相當大的程度上又取決於產業結構的優化，而信息技術是產業結構優化的基礎。在進行工業化的過程中，傳統產業受到市場容量和科學技術的制約，經濟增長必須轉向依靠高於平均增值率的新興產業——信息產業來支持，通過結構性轉換來實現技術創新和產品創新，引入信息技術促進產業結構的變革，加快信息產業的發展，進而推動經濟增長。信息產業對傳統產業發展的促進過程，實質上就是信息技術在傳統產業中的滲透、應用和擴散過程。具體來說，有以下幾個途徑：

1. 推動傳統產業的演化發展

信息產業是具有高度擴散、高度滲透性的產業，它的發展對傳統產業具有重大的影響和衝擊作用：①信息產業的發展使一些技術上落後的傳統產業受到巨大的衝擊，加速它們的衰亡，直至被新興的產業所替代；②信息產業的發展也可以推動一些技術落後產業通過技術變革，使某些「夕陽產業」重新煥發生機；③信息產業通過對傳統產業的滲透作用，使傳統產業的發展更加成熟，促使新的產業得以產生，使傳統產業部門之間相互融合。

2. 推動傳統產業的改革和技術進步，促進經濟增長方式向集約化轉變

傳統產業在國民經濟中占據著重要地位，但長期以來，一直存在著技術落後、生產效率低下、競爭力弱的缺點，發展水準與發達國家相比具有很大的差距，阻礙了中國國民經濟的整體提升和發展。信息產業作為具有強大生命力的新興產業，通過對傳統產業的滲透和改造，產生了巨大的影響和衝擊；傳統產

業部門通過採用信息技術、產品和服務，獲取、提煉和使用信息，提高管理決策水準，降低生產成本，提高生產效率。目前信息產業以其技術、產品和服務廣泛應用於產品的設計、生產、流通、銷售和企業經營管理等各個環節，為推動傳統產業的改造和技術進步提供了條件，極大地提高了傳統產業的管理效率和經濟效益，促進了經濟增長方式由粗放型向集約型轉變。

3. 加強傳統產業之間的關聯程度

隨著經濟的不斷發展，社會化大生產要求分工協作，各個產業部門之間協調運作越來越重要，信息產業在整個產業系統中處於基礎地位，對傳統產業部門具有技術支撐和先導作用，它的發展為傳統產業的發展提供了良好的信息環境和外部環境，從而使產業間的關聯程度得以加強，使產業部門間的協調更有利於實現。

4. 促進產業結構的優化升級

目前中國處於工業化進程的中後期，在整個產業結構中，傳統農業和傳統工業仍占絕對比重，新興產業所占比重較低，一方面要對傳統產業結構進行改造升級，另一方面要抓新興產業的建立和發展，把勞動密集型產業和技術密集型產業結合起來，創造出能夠發揮優勢的先進產業類型和產業模式。

信息技術作為現代高技術的代表，它的應用對傳統產業部門產生了巨大的影響和衝擊，信息技術滲透到其他非信息產業部門，可以促進這些部門管理決策水準的提高，使企業生產成本下降，生產效率得以提高，同時，信息產業使傳統產業中管理人員和技術人員的比例加大，生產的自動化程度提高。信息產業的發展通過信息技術擴散與滲透改變了傳統產業的生產方式、管理方式、投入產出結構等，具體表現為：①信息產業為傳統產業提供了先進的技術和設備，使傳統產業的生產方式不斷變化，提高了勞動生產率；②信息產業的發展使傳統產業的經營方式、管理方式發生了改變，豐富的信息使企業的管理決策更加科學化、合理化，減少決策過程中的失誤；③信息產業的發展，為傳統產業提供了良好的信息設備，提高了傳統產業的經營效益和生產效益，從而深層次地促進了傳統產業升級。

在信息產業促進傳統產業發展的同時，傳統產業對信息技術、信息產品、信息服務的巨大需求，以及從傳統產業中分離出來的資金、人才也大大促進信息產業的發展，並促使其成為主導產業，而信息產業的發展反過來又促進傳統產業的發展，形成了一個良性循環。

（五）促進區域經濟發展的機制

目前就中國消費水準而言，雖然還沒有完全進入知識產品的消費階段，但

知識型產品正在以迅猛的速度增長，這表明中國有可能由於世界性的信息經濟高潮的增長，越過第三產業消費階段，直接進入知識產品消費階段。這就給地區經濟發展提出了新的挑戰，如果及時、有效地調整產業結構，使之與需求結構的變化相適應，就可能使其成為支持地區經濟發展的積極因素。

1. 信息產業的發展改變區域經濟結構，提高高附加值產業比重

信息產業是集約經濟、知識經濟，其生產對傳統物質資源的依賴較少，而對知識資源依賴較多，發展信息產業則可以使區域內知識產業的比重提高，增加產品附加值，使區域產業結構優化升級，從而使區域內國民生產總值得到較大的增長，提升區域經濟實力，增加知識累積並再次投入到產業發展中，形成產業升級和經濟發展的良性循環。

2. 信息產業的發展改變區域經濟在國民經濟中的地位

區域經濟增長不是按照同樣的速度以直線方式進行，而是在不同時期，以不同的速度循序漸進的，其發展歷程呈階段性曲線。中國目前經濟發展存在嚴重的區域不平衡性，少部分沿海地區經濟發達，東、中、西部差距明顯。如果落後地區能夠抓住信息經濟到來的機遇，轉換產業結構，大力發展信息經濟、知識經濟，有可能會改變本地區的落後狀況，縮小差距，甚至超過發達地區；而發達地區如果不調整、優化產業結構，改變傳統思維，那麼它們在傳統經濟中的優勢地位則很有可能喪失。

第二節　信息產業對經濟增長貢獻的作用機理分析

傳統經濟增長理論認為勞動和資本是經濟增長的動力，其對應的生產函數中假定技術系數是固定的，這種理論在短期經濟增長中具有一定的社會現實性，卻不能解釋經濟長期持續增長的原因。以 Solow 模型為代表的新古典經濟增長理論認為經濟長期持續的增長來源於技術進步，但其將技術進步外生化，不能很好地解釋「Solow 殘值」。新經濟增長理論突破了新古典增長理論的研究局限，強調了知識和技術在經濟增長中的作用，並將知識累積和技術進步內生化，突破了規模報酬遞減的研究局限，解釋了經濟長期持續增長的原因。可見，經濟增長相關理論都強調技術和知識在經濟持續長期的增長中起著舉足輕重的作用。

信息產業是以信息技術為核心的知識、智力密集型產業。信息產業的核心信息技術是典型的「通用技術」（General Purpose Technologies，簡稱 GPT），具

有巨大改進空間並最終能夠獲得廣泛應用，具有希克斯式技術互補性特徵，這就決定了以信息技術為核心的信息產業能夠應用於各類經濟活動，因此，其能夠對經濟產生的影響是全面而深刻的。

信息產業廣泛應用於各類經濟活動，其對中國經濟增長的貢獻主要表現在兩方面：第一為直接貢獻。信息產業作為經濟活動的組成部分，其就業規模和產值規模的不斷擴大，意味著經濟活動規模的擴大，而這就表明信息產業自身的發展直接促進了經濟的增長。第二為間接貢獻。信息產業是滲透性強、關聯度高的帶動型產業，它廣泛滲透於社會和各個產業部門，能夠很大幅度地提高傳統產業的勞動生產率，進而間接地促進經濟發展。

一、信息產業對中國經濟增長的直接貢獻機理

信息產業的發展直接促進經濟的發展。從經濟結構來說，信息產業和農業、工業、服務業一樣，本身就是國民經濟的一部分，信息產業規模的擴大就代表國民經濟規模的擴大。信息產業具有產出效應高的特點，其自身的發展能夠倍增地促進中國經濟的發展，同時還為就業者創造了更多靈活的崗位，促進內需，直接促進經濟增長。

20世紀90年代初，美國副總統戈爾提出「信息高速公路」，並把信息戰略放在國民經濟發展的首要位置，由此美國經濟出現了持續10年高增長、低通脹的「新經濟」，其信息產業的產值占美國的GDP的比重也不斷上升，達到50%。中國屬於發展中國家，在改革開放之後信息產業的戰略性位置才得以確認。作為後起之秀，中國的信息產業發展也取得了令世人矚目的成績。信息產業的增加值占GDP的比重由「八五」末的2%增加到「九五」末的4%[1]。到2005年，信息產業增加值完成1.32萬億元，占GDP比例達到7.5%，完成了「十五」超過7%的計劃[2]。自2000年以來，信息產業對經濟增長的貢獻率一直高於10%，到2007年達到20.01%[3]。

信息產業之所以給經濟增長帶來如此顯著的直接作用，不僅在於信息產業的規模經濟效應顯著，而且還在於信息產業可以促進經濟邊際收益遞增。

（一）信息產業的規模經濟效應顯著

在生產過程中，隨著生產規模的擴大，單位產品的成本不斷下降，經濟主體將會獲得收益的不斷上升，這一現象就叫規模經濟。信息產業通過在特定區

---

[1] 資料來源於《中國信息年鑒（2001）》。
[2] 資料來源於《中國信息年鑒（2006）》。
[3] 資料來源於《中國信息年鑒（2008）》。

域內形成集群，進而提高產業群的競爭力，降低區域內全行業的成本，實現規模經濟。這些年各地出現的信息產業群正說明了這一點。除此之外，信息產業通過全球一體化和專業化減少運用成本實現規模經濟效應。比如說微軟服務系統在不斷升級，而其價格卻不斷降低，這正是微軟的專業化和全球一體化促使其規模經濟效應顯著所帶來的福利。

(二) 信息產業促進經濟邊際收益遞增

在西方經濟學理論中，資源的邊際報酬是遞減的，即邊際報酬遞減規律，具體指在其他條件不變的情況下，如果一種投入要素連續地等量增加，增加到一定產值後，所提供的產品的增量就會下降。這說明以資本和勞動力等要素為投入主體的經濟的增長速度會逐漸下降直至趨近於零。而信息產業是知識、技術密集型產業，由於其本身的特性，信息產業可以在一定程度上克服經濟中出現的邊際報酬遞減的現象，帶來經濟的邊際收益遞增。信息產業促進經濟的邊際收益遞增的原因可以分為資源因素和成本因素，具體地說：從資源因素這個角度，信息產業是非物質化的知識、智力密集型產業，對其發展起著決定性的作用的是知識和智力等信息資源，其對資本、勞動力等傳統資源的依賴很低。信息產業所依賴的信息資源具有共享性、可再生性等優勢特點，經過開發的信息資源可以得到重新利用和再生，經過開發、利用和再生這一循環過程，能夠不斷降低信息資源的開發成本，帶來經濟的邊際收益遞增。從成本因素這個角度，在信息產業的生產過程的初始階段，需要投入較高的固定成本，但隨著生產過程的推進和規模的擴大，其生產過程中的可變成本會逐漸降低，平均成本也呈不斷下降趨勢，因此信息產業所具有的很強的規模經濟效應導致了經濟的邊際收益遞增。

二、信息產業對中國經濟增長的間接作用機理

(一) 信息產業對傳統產業的滲透

信息產業具有很強的滲透性，傳統產業對信息產業及信息技術的廣泛使用的結果是提高本部門的生產力，促進傳統產業的產出。信息產業正是通過帶動傳統產業的發展進而間接地促進經濟發展。信息產業對傳統產業的促進作用主要表現為促進傳統產業的改造，推動傳統產業的經濟增長方式從粗放型增長向集約型增長轉變。信息的處理、傳輸、獲取和使用廣泛而深刻地滲透於傳統產業（農業、工業和服務業）的運作過程中。信息產業對傳統產業進行滲透、信息技術對傳統技術進行改造、信息系統的廣泛應用和信息服務的深入擴展都提高了傳統產業的生產效率、產品質量，提高了能源的利用效率，促進了傳統

行業的可持續發展。這種滲透通過「小米」的行銷模式可以清晰地感受到。

　　如今在各個地方都能通過專賣店買到智能手機，傳統的手機消費群體和銷售模式逐步受到衝擊，這其中新軍「小米」首先將自己的產品定位到一群特定的消費者上，用小米公司老板雷軍的話來說：「就是喜歡玩手機的那群人，他們懂性能，喜歡折騰，就是手機控。」因此小米為這群人量身定做了一整套的產品、定價和行銷策略。尤其是採用電子商務銷售的方式，依靠電子商務網站和營運商，略過了國包、省包之類的經銷商，也沒有專賣店、形象店等，極大地減少了成本。通過這些策略，使得小米成為炙手可熱的「發燒級」的智能手機。如此，說明網絡信息的利用極大地改善了傳統產品和銷售渠道，從而極大地促進公司的業績。

　　透過「小米」的行銷模式，可以清晰地發現信息產業在傳統產業中留下的痕跡。信息產業廣泛地滲透於傳統產業的生產、製造、管理、銷售等各個環節，提高了傳統產業的生產效率、產品質量，減少交易成本，間接地促進經濟增長。

　　(二) 信息產業對農業、工業和服務業的影響

　　信息產業之所以能夠對中國國民經濟增長產生間接作用，是由於信息技術和信息產品能夠對傳統產業（農業、工業和服務業）起到滲透、改造的作用，進而提高傳統產業的生命力，間接地促進經濟增長。下面將探討信息產業對農業的影響。

　　廣義的農業也稱第一產業，包括種植業、林業、畜牧業、漁業、副業五種產業形式，這五種產業的產品都來自自然界，是有形物質產業。信息產業在顯示自身旺盛的生命力的同時也促使新興服務產業的不斷湧現。現代支付清算體系在銀行業的運用、交通行業信息專網在交通行業的普及、導遊網絡管理系統對旅遊業的支撐、電子商務的迅速發展等都表明了信息產業對服務業的滲透。總的來說，信息產業對服務業的影響主要表現為：第一，信息產業提供的信息技術和服務為服務業開拓了新的領域，網絡游戲產業、物聯網，以雲計算技術支撐的新興服務模式的出現都是建立在信息技術和信息服務上的；第二，信息產業改善了傳統服務業的經營方式，提高了服務行業的工作效率，提升了服務業的社會經濟效益，「小米」的電子商務銷售模式為企業減少了銷售成本，給企業帶來了意想不到的經濟效益；第三，信息技術的運用促使服務業內部通過重組，提高了服務部門的組織效率。除此之外，伴隨著信息技術對服務業的滲透產生了一批新興服務業。

第六章　信息產業與經濟增長的效應分析

第一節　基礎模型

在實證部分,本書採用信息產業與中國國內生產總值的比重、經濟增長貢獻率等指標度量信息產業對經濟增長的直接貢獻。用面板菲德模型度量信息產業對經濟增長的間接促進作用及其滯後效應,面板模型推導和設定檢驗如下:

一、菲德模型推導

菲德模型是菲德(Feder)於 1983 年提出的,是度量溢出效應的經典模型,用於估計出口對經濟增長的間接作用。借鑑這一思路,信息產業對經濟增長的作用類同於出口對經濟增長的作用,把國內產業部門劃分為信息產業部門與傳統產業部門(非信息產業部門)。這兩個部門的生產方程分別為:

$$I = f(L_I, K_I)$$
$$N = g(L_N, K_N, I) \tag{6-1}$$

式(6-1)中的生產函數假設信息產業部門的產出水準 I 將影響傳統產業的產出。I 和 N 分別代表信息產業部門和傳統產業部門的產量,L 和 K 分別是勞動力與資本要素,下標代表部門。勞動力(L)與資本(K)總量可以表達為:

$$L = L_I + L_N$$
$$K = K_I + K_N \tag{6-2}$$

社會總產品(Y)就是信息產業和傳統產業兩部門產品之和,即

$$Y = I + N \tag{6-3}$$

菲德模型假定在某個時期,不同部門勞動和資本邊際生產力之比是個定

值，基於該假定不同部門要素邊際生產力的相互關係可表達為：

$$\frac{f_L}{g_L} = \frac{f_k}{g_k} = 1 + \delta \qquad (6-4)$$

其中 f_L 和 f_k 分別表示信息部門勞動和資本的邊際產出，g_L 和 g_k 分別表示傳統產業部門勞動和資本的邊際產出。δ 為信息產業部門與傳統產業部門之間相對邊際生產力差異，理論上可以等於、大於或小於零，為正表明信息產業部門的相對邊際生產力高於傳統產業部門。對總產出公式的兩邊求微分得：

$$dY = dI + dN \qquad (6-5)$$

其中 $dI = f_L dL_I + f_k dK_I$，$dN = g_L dL_N + g_k dK_K + g_I dI$

利用，$dL = dL_I + dL_N$，$dK = dK_I + dK_N$ 以及上式（6-4）推導，簡化後得

$$dY = g_L dL + g_k dK + \left(\frac{\delta}{1+\delta} + g_I\right) dL \qquad (6-6)$$

信息產業的外溢作用和相對要素生產力的差異 δ 推導，仍然循著菲德模型的設計，假設對於傳統產業部門的產出的彈性是不變的，即：

$$N = g(L_N, K_N, I) = I^\theta \psi(L_N, K_N) \qquad (6-7)$$

其中，θ 是溢出作用的參數，則有

$$\frac{\partial N}{\partial I} = g_I = \theta \psi(L_N, L_N) I^{\theta-1} = \theta \frac{N}{I} \qquad (6-8)$$

把式（6-8）帶入式（6-6）得到下式：

$$dY = g_L dL + g_k dK + \left(\frac{\delta}{1+\delta}\right) dI + \theta\left(\frac{N}{I}\right) dI \qquad (6-9)$$

式（6-9）中，g_L 是傳統產業部門勞動力的邊際產出，g_k 是傳統產業部門資本的邊際產出，dL 和 dK 是包含傳統產業部門和信息產業部門在內的全部勞動和資本的增長，後兩項是信息產業部門對經濟增長溢出效應的度量。其中 $\left(\frac{\delta}{1+\delta}\right) dI$ 是信息產業部門因自身生產率高於傳統產業部門生產率而對經濟增長額外的、直接的貢獻，$\theta\left(\frac{N}{I}\right) dI$ 則是信息產業部門通過滲透作用提高傳統產業部門產出而對經濟增長的間接貢獻，該溢出效應既依賴於溢出源（信息部門）的增長 $\frac{dI}{I}$，也取決於溢出接受體（傳統部門）的產出規模（N），兩者相乘構成了對溢出作用的測度，其參數 θ 則表示溢出作用對經濟增長貢獻率的大小。

二、滯後效應的菲德模型的推導

在上述模型的推導中有一個假定,即信息產業的當期產值對本期的經濟增長有外溢作用。也就是說當信息產業產值增加的時候,通過信息技術其本身在當期就滲透於非信息產業,這樣信息產業就對經濟增長產生了外溢作用。但技術溢出的實現可能存在滯後,主要表現在:非信息產業對信息產業的產品、技術的使用所需要的時間。下面假設信息產業對非信息產業的溢出有滯後,滯後期為 m,基於這一假設,信息產業溢出滯後 m 期的模型可表述為:

把國內產業部門劃分為信息產業部門和傳統產業部門。這兩個部門的生產方程分別為:

$$I = f(L_I, K_I)$$
$$N = g(L_N, K_N, I_{-m}) \tag{6-10}$$

其中,I_{-m} 是表示滯後 m 期的信息產值。其他條件都不變,按照菲德模型的邏輯推理得到滯後 m 期的菲德模型:

$$dY = g_L dL + g_K dK + \left(\frac{\delta}{1+\delta}\right) dI + \theta\left(\frac{N}{I_{-m}}\right) dI_{-m} \tag{6-11}$$

第二節 信息產業與經濟增長的協整分析

信息產業是高滲透性、知識智力密集型、更新快、受技術進步影響大、要求有大量智力和高智能投入、產出效益高、增長快、需求廣、就業面廣、對勞動者文化層次要求高、綜合性強、節省資源、無公害的產業。

信息產業對經濟增長的影響表現在兩個方面:一是直接影響,作為經濟活動的一部分,信息產業的就業規模和產值規模的不斷擴大,意味著經濟活動規模的擴大,信息產業自身的發展直接促進了經濟的增長;二是間接影響,主要表現為信息產業對國民經濟起著帶動作用。同時,經濟發展水準又是信息產業發展的基本條件,決定著信息產業發展的規模和水準。

可見,探討信息產業與經濟增長之間的關係具有重要的意義。目前,國內對信息工業研究偏重於政策和對策研究,定性分析的多,定量研究並不多見。如徐昇華、毛小兵研究了信息產業在經濟增長中的貢獻,用信息豐裕度指標測算表明,1998—2001 年,中國實際 GDP 與信息要素之間的相關關係顯著,中國信息豐裕系數的對數每增長 1 個單位,能夠引發 GDP 指數增長 0.252,7 個

單位，說明信息要素對經濟增長具有較強的影響。徐美鳳用 DEA 的方法研究了中國信息產業的相對生產率，發現存在著巨大投入與勞動生產率低增長的現象，即「信息技術的生產率悖論」。

信息產業與 GDP 之間關係的計量檢驗可分為以下兩個方面：

一、協整關係檢驗

1. 理論模型

本書建立在 VAR 模型（VAR MODEL）的基礎上，檢驗 LGDP 與 LX（以上分別是 GDP、X 的對數值）之間的協整關係。根據 VAR 模型定義，建立 VAR 模型如下所示：

$$Y_t = \sum_{i=1}^{k} \prod_i Y_{t-i} + \mu + U_t$$

其中，Y_t 為 LGDP 與 LX 構成的列向量，$\prod_i$ 為系數矩陣；μ 為截距項，U_t 是隨機誤差項矩陣，t 表 T 時期，i 表示滯後期，k 表示最大滯後期。

2. 數據說明

因為中國統計年鑒的統計口徑是按照傳統二次產業的劃分來統計的，沒有信息產業的相關統計數據，所以用電子及通信設備製造業和郵電通信業的相關數據來近似代替信息產業的相關數據。用 X1、X2、X3 分別表示三次產業的總產值，用 X 表示信息產業的總產值，GDP 表示國內生產總值。LGDP、LX 分別表示 GDP 和 X 的自然對數值（數據見表 6-1）。

3. 實證檢驗及其分析

本書的協整關係檢驗分為三個步驟完成：第一，利用單位根檢驗（Unite Root Test）確定時間序列 LGDP、LX 的平穩性；第二，VAR 模型的建立；第三，利用 Johanson 和 Juselius（1990）提出的跡檢驗方法來確定 LGDP 與 LX 中各變量之間是否具有協整關係，如果存在，則給出它們之間的長期關係。

（1）變量間平穩性檢驗。為了避免對非平穩時間序列進行迴歸時，造成虛假迴歸等問題的出現，需要在迴歸分析之前進行時間序列的平穩性檢驗。本書將利用單位根檢驗來確定 LGDP、LX 的平穩性，具體採用的是 ADF（The Augmented Dickey-Fuller Test）方法。檢驗結果如表 6-2 所示。

（2）VAR 模型的建立。在表 6-1、表 6-2 的基礎上，本書採用 Johanson 和 Juselius（1990）提出的跡檢驗方法進行協整關係檢驗。由表 6-1 可知，變量 LGDP、LX 都為含截距的單位根過程所生成，因此，設定協整向量中含截距。其結果如表 6-3 所示。

可以得知，在1%的顯著性水準上，接受協整個數為 r=2。由於協整關係度量系統的長期穩定性，因此以上所定義的宏觀經濟系統是一個穩定系統。第一個協整向量的正則化估計以及對應的協整關係分別為：

$$\begin{array}{cc} LGDP & X \\ 1.000,000 & -0.496,862 \\ (0.023,73) & \end{array}$$

$$\beta = (1, -0.496,862)$$

$$\mu_t = LGDP_t - 0.496,862 LX$$

$$(0.023,73)$$

（註：括號內值為標準差）

表 6-1　　　　　信息產業與三次產業的產值及關聯度

年份	X_1第一產業總產值（億元）	X_2第一產業總產值（億元）	X_3第一產業總產值（億元）	GDP（億元）	X 信息產業（億元）
1991	5,288.6	9,102.2	7,227	21,617.8	969.08
1992	5,800	11,699.5	9,138.6	26,638.1	1,219.87
1993	6,882.1	16,428.5	11,323.8	34,634.4	1,761.83
1994	9,457.2	22,372.2	14,930	46,759.4	2,688.05
1995	11,993	28,537.9	17,947.2	584,878.1	3,519.33
1996	13,844.2	33,612.9	20,427.5	67,884.6	4,393.13
1997	14,211.2	37,222.7	23,028.7	74,462.6	5,694.32
1998	14,552.4	38,619.3	2,517,365	78,345.2	7,324.77
1999	14,471.9	40,557.81	27,037.69	8,267.46	9,912.467,7
2000	14,628.2	44,935.3	29,904.6	89,468.1	12,676.652
2001	15,411.8	48,750	33,153	97,314.8	13,722.25
2002	16,117.3	52,980.19	36,074.75	105,172.34	16,412.861
2003	17,092.1	61,274.1	38,885.7	117,251.9	20,093.533

數據說明：（1）1991—2000年度數據引自文獻，2001—2003年度數據引自《中國統計年鑒》；
（2）信息產業數據：電子及通信設備製造業、郵電業。

表 6-2　　　　　單位根檢驗結果變量形式

變量	形式（CT）	ADF 值	滯後長度	單整階數
LGDP	（CT）	−5.939,082*	2	0
LX	（CO）	−3.483,497*	2	0

註：（1）*表示在1%水準顯著，**表T在5%水準顯著；
（2）C表示截距，T表示趨勢項；
（3）該分析由 EVIEWS4.0 完成。

表6-3　　　　　　　　　　系統的協整檢驗

原假設	特徵值	跡統計量	5%的臨界值	1%的臨界值
Nome**	0.912,191	36.143,65	15.41	20.04
At most 1**	0.573,948	9.385,134	3.76	6.65

註：(1) *（X**）分別表示在5%（1%）的水準上拒絕原假設；

(2) 跡檢驗表明在1%水準上有2個協整方程。

模型1：

調整後樣本：1993,2003

調整後觀察值個數：11

$LGDP = C(1) + C(2) * LGDP(-1) + C(3) * LGDP(-2) + C(4) * LX(-1)$

	系數	值標準差		T統計量	概率
C（1）	2.916,390	0.480,741		6.066,453*	0.000,5
C（2）	1.228,409	0.146,012		8.413,075*	0.000,1
C（3）	-0.609,729	0.133,093		-4.581,240*	0.002,5
C（4）	0.157,348	0.037,145		4.236,098*	0.003,9
R-squared	0.997,550		Mean dependent var		11.202,94
Adjusted R-squared	0.996,500		S. D. dependent var		0.361,883
S. E. of regression	0.021,409		Akaike info criterion		-4.574,734
Sum squared resid	0.003,208		Schwarz criterion		-4.430,045
Log likelihood	29.161,04		Durbin-Watson stat		2.534,663

註：(1) $LGDP(-n)$、$LX(-n)$分別表示$LGDP$、LX的n階滯後值；

(2) *表明各系數均通過了置信度為1%的T檢驗。

模型2：

調整後樣本：1993,2003

調整後樣本值：11

$LX = C(1) + C(2) * LGDP(-1) + C(3) * LGDP(-2) + C(4) * LX(-1)$

	系數值	標準值	T統計量	概率
C（1）	1.687,078	1.378,085	1.224,220**	0.260,5
C（2）	-0.499,563	0.418,556	-1.193,541**	0.271,5
C（3）	0.452,995	0.381,521	1.187,338**	0.273,8

	系數值	標準值	T 統計量	概率
C (4)	0.900,806	0.106,478	8.460,012*	0.000,1
R-squared	0.995,827	Mean dependent var		8.841,869
Adjusted R-squared	0.994,038	S. D. dependent var		0.794,802
S. E. of regression	0.061,370	Akaike info criterion		-2.468,489
Sum squared resid	0.026,364	Schwarz criterion		-2.323,800
Log likelihood	17.576,69	Durbin-Watson stat		2.219,162

註：（1）*LGDP* (-n)、*LX* (-n) 分別表示 *LGDP*、*LX* 的 n 階滯後值；

（2） * 表明係數通過了置信度為 1% 的 T 檢驗。

（3） ** 表明係數通過了置信度為 30% 的 T 檢驗。

由表 6-2、表 6-3 可知，該協整關係所反應的是變量之間的長期穩定趨勢，它趨向於長期均衡。這就是說，*LX* 對 *LGDP* 的彈性為 0.497，即信息產業的對數值增長 1%，會促使 GDP 的對數值增長 49.7%。

再建立變量 *LGDP* 及 *LX* 的 VAR 模型，結果見模型 1、模型 2。

模型擬合均良好。由模型 1 可知，*LGDP* 與 *LX* 之間存在著正向的相關性。*LGDP* 的滯後一期和滯後二期對當期的 *LGDP* 的增長有較大的正的彈性，綜合彈性為 62%〔*LGDP* (-1) 與 *LGDP* (-2) 的係數之和〕；*LX* 對 *LGDP* 也有正的彈性，為 15.7%；由模型 2 可知，*LGDP* 對 *LX* 的綜合彈性為 -4%〔*LGDP* (-1) 與 *LGDP* (-2) 的係數之和〕，說明 *LGDP* 與 *LX* 之間沒有存在正的相關性。

二、格蘭杰（Granger）因果關係檢驗

格蘭杰因果關係檢驗法（Granger Causel Relation Test）是美國加州大學著名計量經濟學家 Granger 於 1969 年提出，後又經過 Hendry、Richard 等人發展完善的一種檢驗方法。格蘭杰因果關係說的是，如果兩個經濟變量 X、Y 在包含過去信息條件下對 Y 的預測效果要好於只單獨由 Y 的過去信息對 Y 的預測，即變量 X 有助於變量 Y 預測精度的改善，則稱 X 對 Y 存在格蘭杰因果性關係。

協整關係檢驗表明信息產業和經濟增長之間存在著長期的均衡關係，但這種均衡關係是否構成因果關係，是信息產業的發展促進經濟增長還是經濟增長加速信息產業的發展，需要進一步的檢驗。

格蘭杰因果性檢驗假定了有關 y 和 x 每一變量的預測的信息全部包含在這些變量的時間序列之中。假設模型為：

$$y_t = \sum_{i=1}^{q} \alpha_i x_{t-i} + \sum_{j=1}^{q} \beta_j y_{t-j} + \mu_{1t} \qquad (6-12)$$

$$x_t = \sum_{i=1}^{s} \lambda_i x_{t-i} + \sum_{j=1}^{s} \delta_j y_{t-j} + \mu_{2t} \qquad (6-13)$$

其中，噪聲 μ_{1t} 和 μ_{2t} 假定為不相關的。

式（6-12）假定當前 y 與 y 自身以及 x 的過去值有關，而式（6-13）則是假定當前的 x 與 x 自身以及 y 的過去值有關。

對於式（6-12）而言，其零假設 $H_U: \alpha_1 = \alpha_2 = \cdots = \alpha_q = 0$。

對於式（6-13）而言，其零假設 $H_U: \delta_1 = \delta_2 = \cdots = \delta_3 = 0$。

這樣，就可以分為四種情況進行討論：

（1）x 是引起 y 變化的原因，即存在由 x 到 y 的單向因果關係。當式（6-12）中滯後的 x 的係數估計值在統計上整體的顯著不為零，同時式（6-13）中滯後的 y 的係數的估計值在統計上整體的顯著為零，則稱 x 是引起 y 變化的原因。

（2）y 是引起 x 變化的原因，即存在由 y 到 x 的單向因果關係。當式（6-12）中滯後的 y 的係數估計值在統計上整體的顯著不為零，同時式（6-13）中滯後的 x 的係數的估計值在統計上整體的顯著為零，則稱 y 是引起 x 變化的原因。

（3）x 和 y 互為因果關係，即式（6-12）和式（6-13）滯後的 x 和 y 的係數都顯著不為零，則稱 x 和 y 存在反饋關係，或者雙向因果關係。

（4）x 和 y 是獨立的，即式（6-12）和式（6-13）滯後的 x 和 y 的係數都顯著為零，則稱 x 和 y 不存在任何的因果關係。

一般來說，如果變量 x 是變量 y 的 Granger 原因，則 x 的變化應該先於 y 的變化，因此，在做 y 對其他變量（包括自身的過去值）的迴歸時，如果把 x 的過去或滯後值包括進來能顯著地改進對 y 的預測，那麼我們就可以說 x 是 y 的 Granger 原因。

首先對下面兩個迴歸模型進行估計：

無限制條件的迴歸：$Y_t = \sum_{i=1}^{P_1} \alpha_i Y_{t-i} + \sum_{j=1}^{P_2} \beta_j Y_{t-j} + \varepsilon_t$

有限制條件的迴歸：$Y_t = \sum_{i=1}^{P_1} \alpha_i Y_{t-i} + \varepsilon_t$

然後用各迴歸方程的殘差平方和計算 $F*$ 統計量，檢驗係數是否同時顯著為零，如果係數都為零，接受原假設，否則就拒絕原假設，認為 X 是引起 Y 的 Granger 原因。

$$F* = (N-P_1-P_2)(RSS_R-RSS_{UR})/P_2(RSS_{UR})$$

其中，RSS_R 和 RSS_{UR} 分別為有限制條件和無限制條件的迴歸方程的殘差平方和，P_1 和 P_2 分別是 Y 和 X 滯後變量的個數，N 是樣本個數。

用於 Granger 因果關係檢驗的數據應具有平穩性。由前面表 6-1 的結論，$LGDP$ 與 LX 都是平穩序列，所以取滯後期分別為 1 至 3 期進行檢驗，結論見表 6-4。

因果分析表明：①滯後期為 1 期時，$LGDP$ 與 LX 之間有著雙向的 Granger 因果關係；②滯後期為 2、3 期時，存在著從 LX 到 $LGDP$ 的單向的 Granger 因果關係，從 $LGDP$ 到 LX 之間不存在單向的 Granger 因果關係。說明信息產業的發展對 GDP 的增長起著明顯的促進作用，而 GDP 對信息產業的發展的促進作用不明顯，該結論與前面 VAR 模型的分析一致。

表 6-4 因果關係檢驗

原假設：（變量個數：12）	F 統計量	概率	滯後期	結論
LX 不是 $LGDP$ 的 Granger 原因	0.076,45	0.788,41	1	接受
$LGDP$ 不是 LX 的 Granger 原因	0.634,64	0.446,16		接受

原假設：（變量個數：11）	F 統計量	概率	滯後期	結論
LX 不是 $LGDP$ 的 Granger 原因	7.775,478	0.021,70	2	拒絕
$LGDP$ 不是 LX 的 Granger 原因	0.766,57	0.505,27		接受

原假設：（變量個數：11）	F 統計量	概率	滯後期	結論
LX 不是 $LGDP$ 的 Granger 原因	46.798,1	0.005,10	3	拒絕
$LGDP$ 不是 LX 的 Granger 原因	0.888,79	0.537,46		接受

從表 6-4 的定量分析結果來看，我們可以得到以下幾點結論：①信息產業的發展促進了經濟增長，信息產業的對數值增長 1%，會促使 GDP 的對數值增長 49.7%。存在著從信息產業到 GDP 的單向 Granger 因果關係，再次驗證信息產業對經濟增長起著促進作用；②在經濟總體快速增長的情形下，信息產業不能實現同步增長。在滯後期為 2、3 期時，不存在從 GDP 到信息產業的因果關係。VAR 結果也表明，GDP 與信息產業的相關性較弱。$LGDP$ 對 LX 的彈性為 -4%。③灰色關聯度計算結果表明，信息產業總體上類似於第一產業的發展，但遠遜於第二產業的增長。說明信息產業的發展速度不夠快，因此不能充分發揮信息產業的先導作用、滲透作用和軟化作用等，同時也說明第二產業與信息

產業不能實現同比例增長,第二產業的增長仍為資本和人力驅動型,屬於粗放型發展方式。④要實現國民經濟的內涵式增長,必須進一步加快信息產業的發展。包括制定統一的信息產業發展規劃,明確信息產業的發展方向;通過投資傾斜、政策導向、技術創新等手段,加快信息產業的發展;加快投資體制的改革,建立多層次、多渠道的投資體系;規範立法保護,保護知識產權,為信息產業持續、健康發展創造良好的法律環境;減少部門分割、地區封鎖和行業壟斷,促進公平競爭的市場體系形成;另外還要調整信息產業內部的結構,重點扶持軟件與信息服務業,加強行業的開發設計和創新能力的培育,健全科技創新體制,支持核心技術的開發等,促進信息技術的跨越式發展。

第三節　信息產業對中國經濟增長貢獻的測度

一、信息產業對中國經濟增長直接貢獻的測度

(一)信息產業產值占國內生產總值的比重

隨著經濟的發展,信息產業對中國經濟的貢獻越來越明顯,其產值占中國國內生產總值的比值(I/Y)也越來越大,從時間的角度縱向觀察這個比值的變化可以較清楚地瞭解信息產業對中國經濟增長的直接貢獻。信息產業產值占國內生產總值的比值越大,就表示其對國民經濟增長的貢獻也就越大。信息產業產值占國內生產總值的比重趨勢圖,如圖6-1所示。

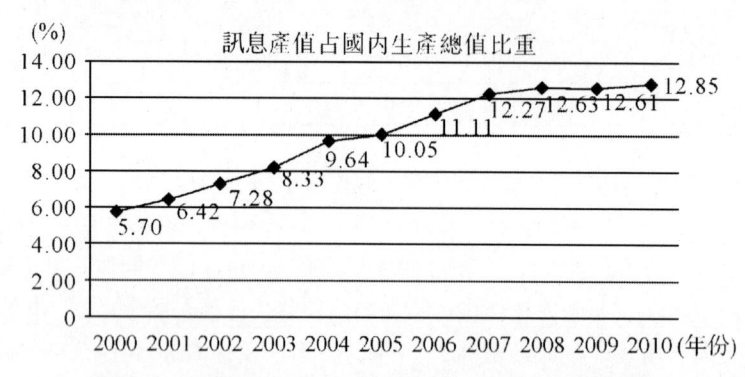

圖6-1　訊息產業產值占國內生產總值中的比重趨勢圖

由圖6-1可以清晰地瞭解2000—2010年,信息產業的產值占國內生產總值比值的趨勢。自2000年來,信息產業產值占國內生產總值的比重呈不斷上升的趨勢,即使在全球劇烈動盪、發展低迷的情況下,該比值的增長率也超過

1%。到 2005 年年底，信息產業產值占國內生產總值的比重突破 10%，達到 10.05%，產業規模的迅速擴大，使信息產業成為國民經濟支柱產業和新的經濟增長點變為現實。自 2008 年之後，面對國內外經濟形勢波動、國際金融危機和特大自然災害發生的不利局面，信息產業的發展有所受阻，其產值占國內生產總值的比重有所下降，但其比值依然高於 10%。可見，信息產業作為國民經濟的第一支柱產業，在中國經濟的發展中起著舉足輕重的作用。

（二）信息產業增加值占國內生產總值增加值的比重

信息產業不僅在規模上占了中國國民經濟很大的比重，而且對經濟增長做出了很大的貢獻。為了說明信息產業對國內生產總值增長的貢獻，本書採用信息產業貢獻率（R）這一指標來加以說明。信息產業貢獻是指信息產業可比價增加值報告期與基期之差同可比價國內生產總值報告期與基期之差的比值，其數學公式表示如下：

$$R_t = \frac{I_t - I_{t-1}}{Y_t - Y_{t-1}} \times 100\%$$

由於國內生產總值（Y）、信息產業產值（I）均處理為 2000 年為基期的不變價格，因此，報告期的信息產值 I_t、國內生產總值 Y_t 和基期的信息產值 I_{t-1}、國內生產總值 Y_{t-1} 均為可比價。2001—2010 年信息產業增加值對國民經濟中的貢獻率 R_t 趨勢圖，如圖 6-2 所示。

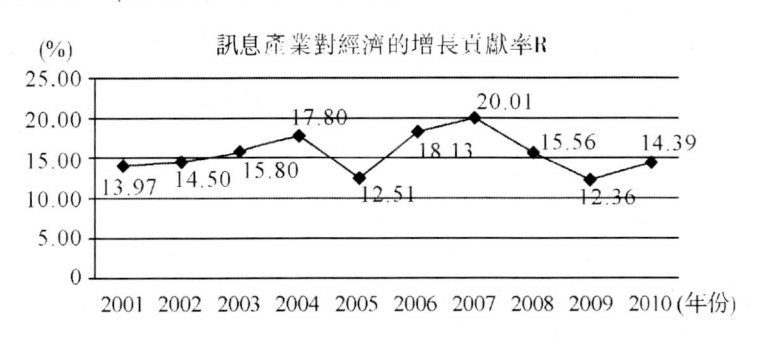

圖 6-2 訊息產業對經濟的增長貢獻率趨勢圖

信息產業是知識、技術、智力集約型產業，能產生巨大的經濟效益，對經濟增長能產生巨大的促進作用。通過圖 6-2 可以清晰地看到，自 2000 年來，信息產業對經濟增長的貢獻率一直高於 10%，曾一度達到 20.01%，雖然在 2005 年和 2009 年略有下降，但對經濟增長的貢獻依然不可小覷。

（三）信息產業增長率與國內生產總值增長率的比值

這個指標用 St 來表示，反應的是信息產業增長速度和國民經濟增長速度

的快慢關係。當該比值大於 1 時，表明信息產業的增長速度快於國內生產總值的增長速度，也就是說信息產業的發展更快，對國民經濟有拉動作用；當該比值小於 1 時，則說明信息產業的增長速度慢於國民經濟的增長速度。信息產業增長率和國內生產總值增長率之比值趨勢圖，如圖 6-3 所示。

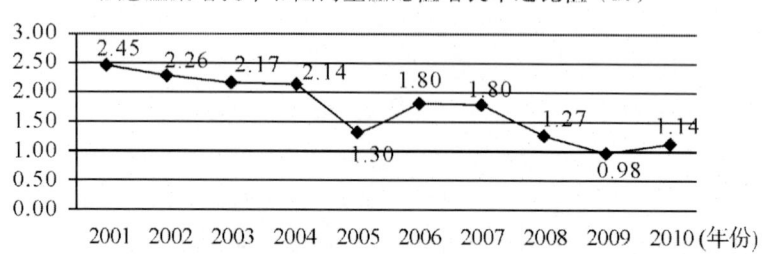

訊息產業增長率和國內生產總值增長率之比值（S₁）

圖 6-3　訊息產業增長率與國內生產總值增長率之比值趨勢圖

通過圖 6-3 可知，2000—2007 年，信息產業增長率大約以 2 倍於國內生產總值增長率的速度增長，在此期間，信息產業得到高速的發展，信息產業增長率基本在 20% 以上，甚至在 2004 年達到 34.10%，信息產業如此的增速促使信息產業對經濟增長的拉動作用相當明顯。但 2008 年之後，信息產業增長率和國內生產總值增長率之比下降到 1.27，這主要是受 2008 年國際金融危機和特大自然災害的影響，信息產業的發展也受到一定的牽連，直至 2009 年，該比值甚至下降為 0.98（小於 1），但 2009 年信息產業對經濟增長的貢獻率也達到 12.36%，信息產業對經濟增長的作用還是比較顯著。

二、信息產業對經濟發展間接貢獻的量化分析

我們從前述的數據描述統計中得出了信息產業對中國經濟增長的直接貢獻程度，信息產業的產值在 GDP 中的比重越大，說明信息產業的貢獻度越大，產值增加的幅度相對 GDP 增加幅度的差距擴大說明了這個貢獻度有增加的趨勢。但是，僅僅停留在描述統計階段，我們只能看到現在已經存在的事實，而看不到為什麼會導致現在狀態的潛藏的過去，以及行將實現現在趨勢的未來。信息產業對經濟發展產生間接貢獻，表現為信息產業對其他產業存在著很強的滲透作用，通過信息產品和信息技術在社會經濟各部門中的應用與擴散，通過社會各部門運用信息技術改造傳統經濟、社會結構，來引起全社會生產率的提高，促進經濟的增長，下面我們將用推斷統計的手段來定量測算信息產業在過去幾年經濟飛速發展的過程中的貢獻，並通過脈衝回應函數預測信息產業對其他產業的影響。

(一) 量的角度

關於信息產業對國民經濟的間接貢獻的測量，有的學者從感應度和感應度系數來量化，也有的從帶動度和帶動度系數來分析。

所謂某部門的感應度是指國民經濟系統中各部門的最終需求每增加一個單位時，該部門相應增加的總產出；信息部門的感應度反應了國民經濟系統中各部門對信息部門產品或服務需求的程度，感應度越大，表明其他產業部門對信息產業部門產品或服務的需求越大，那信息產業的發展就越能有效地促進其他產業的擴張，從而就越能從後面推動其他產業發展。所謂某部門的感應度系數，它反應了國民經濟系統中各部門的最終需求每增加一個單位時，要求該部門增加的總產出量與總產出量增加的平均水準的對比關係。當它大於 1 時，表明在整個國民經濟發展時，要求該部門更快地發展，否則，該部門就可能成為國民經濟繼續發展的「瓶頸」部門。

所謂某部門的帶動度是指該部門的最終產品每增加一個單位時，帶動國民經濟系統中各部門增加的產出值；信息部門的帶動度反應了信息部門對其他產業部門產品或服務的需求程度，帶動度越大，表明信息部門對其他產業部門產品或服務的需求越強烈，那信息產業的重點發展和扶持，就可以對其他產業部門產生強大的誘惑力，誘使其他產業部門不斷更新改造，以滿足信息產業部門對其他產品或服務的需求，從而信息產業的發展就對其他產業的發展起到了帶動作用。所謂某部門帶動度系數，它反應了該部門每增加一個單位的最終產品時，國民經濟系統中各部門增加的產出量與總產出量增加的平均水準的對比關係。當它大於 1 時，表明該部門對社會生產發展的帶動作用比社會各部門的平均帶動作用大，即該部門的生產發展將會比其他部門的生產發展更快地帶動國民經濟的發展。

也有學者認為，信息產業對經濟增長的間接貢獻，其實也就是信息產品應用在其他產業的時候所產生的溢出收益，而這本質上就是信息化過程。所謂信息化，也就是在國民經濟和人民生活中最廣泛應用先進的信息技術，以提高生產力，促進國民經濟的發展的過程，也是指在經濟和社會活動中，普遍地採用信息技術和電子信息裝備來推動經濟發展和社會進步的過程。信息化指數由一系列子指標組成，分別反應了社會各個方面的信息化程度，最後進行加權加總，可以比較全面地反應信息產業的間接影響。但是，其子指標的收集比較麻煩，而且權重的確定也沒有一定的標準。

其實，不管是感應度系數還是帶動度系數，還是所謂的信息化指數，都只是從靜態的角度得出的一個簡單的比例關係或統計關係，不能從計量和全局的

角度來綜合和深刻地反應信息產業對國民經濟作用的整體狀況。本書從改造的菲德爾模型的角度，把國民經濟分為信息產業和非信息產業兩個部門，這樣，信息產業對非信息產業的間接貢獻，或者說是外溢作用，就可以比較精確地用模型估計出具體的數值，除此之外，還可以比較出信息產業和非信息產業的相對生產率差距，下面將介紹其具體思想和模型推導。

1. 模型推導

將國內部門劃分為信息部門和非信息部門，並設各自的生產方程為：

$$P = f(L_P, K_P) \tag{6-14}$$

$$N = g(L_N, K_N, P) \tag{6-15}$$

其中 L 和 K 分別代表勞動力和資本兩大生產要素，下標 P 和 N 分別表示信息產業和非信息產業。

勞動力 L 和資本 K 總量可以表達為：

$$L = L_P + L_N, \quad K = K_P + K_N \tag{6-16}$$

社會總產品 Y 是兩部門產品之和：

$$Y = P + N \tag{6-17}$$

將不同部門勞動和資本邊際生產力的相互關係表達為如下形式：

$$\frac{f_L}{g_L} = \frac{f_K}{g_K} = 1 + \delta \tag{6-18}$$

其中 f_L 和 f_K 分別表示信息產業勞動和資本的邊際產出，g_L 和 g_K 分別代表非信息產業勞動和資本的邊際產出。δ 是兩部門邊際生產力差異。實證研究中，$\delta > 0$ 顯示信息產業邊際生產力高於非信息產業部門。對式（6-18）兩邊求微分得：

$$dY = dN + dP \tag{6-19}$$

將 $dN = g_L dL_N + g_K dK_N + g_P dP$ 和 $dP = f_L dL_P + f_K dK_P$ 代入式（6-19），利用式（6-18）以及 $dL = dL_P + dL_N$ 和 $dK = dK_P + dK_N$ 推導、簡化後得：

$$dY = g_L dL + g_K dK + \left(\frac{\delta}{1+\delta}\right) + g_P dP \tag{6-20}$$

若非信息產業對信息產業的產出彈性不變，即

$$N = g(L_N, K_N, P) = P^\theta \Psi(L_N, K_N) \tag{6-21}$$

則有

$$\frac{\partial N}{\partial P} = g_P = \theta \psi(L_N, K_N) P^{\theta-1} = \theta \frac{N}{P} \tag{6-22}$$

將式（6-22）即 $g_P = \theta \frac{N}{P}$ 代入式（6-20）得

$$dY = g_L dL + g_K dK + (\frac{\delta}{1+\delta})dP + \theta(\frac{N}{P}dP) \qquad (6-23)$$

上式中的 g_L 是非信息產業部門勞動力的邊際產出，g_K 是非信息產業部門資本的邊際產出。因為方程（6-23）中 dL 和 dK 是包括非信息產業和信息產業在內的全部的勞動和資本的增長，所以 $g_L dL$ 和 $g_K dK$ 是在信息產業和非信息產業邊際產出相同的情況下全部的勞動和資本的增長對經濟增長的貢獻。由此不難看出，增長方程（6-23）右邊後兩項是信息產業對經濟增長的額外貢獻。其中，$(\frac{\delta}{1+\delta})dP$ 是信息產業因自身生產率高於非信息產業生產率而對經濟增長的額外的、直接的貢獻，而 $\theta(\frac{N}{P}dP)$ 則是信息產業通過技術溢出作用提高非信息產業產出而對經濟增長的間接貢獻。根據知識的非排他性理論（Romer，1990），一種知識或信息一旦被發現，該知識的經濟效益就與利用範圍成正比。所以，信息產業溢出作用 $\theta(\frac{N}{P}dP)$ 既依賴於溢出源（信息產業）的增長（$\frac{dP}{P}$），也取決於溢出接受體（非信息產業）的規模（N），兩者相乘 $\frac{N}{P}dP$ 構成了對溢出作用的測度，其參數 θ 則表示溢出作用對經濟增長貢獻率的大小。

近幾年來，尤其是自 2001 年以後，中國信息產業對 GDP 的貢獻越來越大，然而以前的數據卻說明信息產業對經濟增長的貢獻並不明顯。

勞動力和國民收入、通信設備、計算機及其他電子設備製造業、郵政電信業的數據皆來自歷年中國統計年鑒，資本數據來自其他文獻並用永續存盤法估算。

將數據帶入 eviews 數據池，面板迴歸得：

表 6-5　　　　　　　　　　第一次迴歸結果

Dependent Variable：DY？
Method：Pooled Least Squares
Date：09/24/08　Time：10：40
Sample：2000, 2005
Included observations：6
Number of cross-sections used：29

第六章　信息產業與經濟增長的效應分析 | 99

表6-5(續)

Total panel (balanced) observations: 174

Variable	Coefficient	Std. Error	t-Statistic	Prob.
dK	0.181	0.020	9.02	0.000,0
dL	0.363	0.087	4.17	0.000,0
dP	0.417	0.069	6.06	0.000,0
NP/dP	0.202	0.036	5.60	0.000,0
R-squared	0.838	Mean dependent var		126.50
Adjusted R-squared	0.835	S. D. dependent var		135.51
S. E. of regression	55.053	Sum squared resid		515,249
F-statistic	292.74	Durbin-Watson stat		1.927,5
Prob (F-statistic)	0.000,0			

可以看出，各個自變量迴歸系數顯著，且模型整體擬合較好，可以解釋國民收入增加部分的近84%的原因；$D-W$ 統計量為1.92，查德賓·沃林統計量在0.05顯著性水準上的臨界值，$k=4$，$n=150$，則得：$1.788<1.92<2.212$，表明模型自變量不存在顯著的自相關現象。表中，NP/dP 表示模型中的 ($\frac{N}{P}dP$) 項，其系數0.202,474即表示信息產業對非信息產業的溢出值 θ，這說明信息產業增加1%，則對非信息產業的外溢量是0.2%。dP 的系數即為 ($\frac{\delta}{1+\delta}$) 的值，解之得 $\delta=0.714,839,362$。這表明，信息產業的邊際生產力是非信息產業的1.7倍。

2. 溢出作用滯後的模型檢驗

在上述模型中有一個假定，即信息產業的當期值對本期的非信息產業有外溢作用。當信息產業產值增加的時候，我們假設是通過技術改進達到的，並且同時假設這個技術改進能夠在短時間內傳播到非信息產業，這樣信息產業對非信息產業就產生了額外的溢出作用。但是，人們難免會認為溢出作用的實現需要一定的時間。如果信息產業產值的增加不是通過技術改進達到的，而是通過資本和勞動力的投入增加來達到的，那麼就不會存在技術改進現象，也不可能存在短時間內的技術溢出。下面假設信息產業溢出的主要途徑是通過非信息產業對其產品的使用，而不是靠人員的交流、培訓、啓發等這種方式達到的。產品的使用可進一步分為硬件和軟件。硬件溢出是信息產業產品對非信息產業的改造所引起的，軟件溢出則是非信息產業通過學習模仿信息產業的最新技術而

達到的溢出效應。信息產業溢出滯後一期的模型可表述為：

$$P = f(L_P, K_P) \tag{6-24}$$

$$N = g(L_N, K_N, P_{-1}) \tag{6-25}$$

其中 P_{-1} 表示滯後一期的信息產業值。按照上述的邏輯推理，其他條件和假設都不變，就可以得到修改的菲德爾模型：

$$dY = g_L dL + g_K dK + \left(\frac{\delta}{1+\delta}\right) dP + \theta \left(\frac{N}{P_{-1}} dP_{-1}\right) \tag{6-26}$$

將式（6-26）帶入上面的數據，可以得到以下面板迴歸結果：

表 6-6　　　　　　　　第二次迴歸結果

Dependent Variable：dY
Method：Pooled Least Squares
Date：09/24/08　Time：10：09
Sample：2001, 2005
Included observations：5
Number of cross-sections used：29
Total panel (balanced) observations：145

Variable	Coefficient	Std. Error	t-Statistic	Prob.
dK	0.152	0.022	6.90	0.000,0
dL	0.481	0.116	4.12	0.000,1
dP	0.380	0.071	5.31	0.000,0
NP-1/dP-1	0.241	0.038	6.32	0.000,0
R-squared	0.853	Mean dependent var		137.220
Adjusted R-squared	0.850	S. D. dependent var		143.309
S. E. of regression	55.578	Sum squared resid		435,550.9
F-statistic	272.131	Durbin-Watson stat		2.177
Prob (F-statistic)	0.000			

除了滯後變量外，該方程與前一方程的變量完全相同，但是方程估計的 F 統計量略小於前一方程。

綜上所述，不管是滯後一期還是原來的假設，通過對數據迴歸，我們可以得出結論，即信息產業有著其他產業所沒有的較高的生產率，對中國經濟增長的溢出作用效果顯著。

3. 額外的發現

在上述生產函數模型中，我們認為變量之間的因果關係是確定的，即投入

勞動、資本等要素得到一定的產出；但是從另外的角度，當國民收入增加的時候，不管是由於勞動還是資本、技術等要素的投入增加的緣故，由於期望值的即期實現以及慣性的存在，都會導致下一期的勞動、資本的投入進一步增加。因此我們認為在這個模型系統中，儘管滯後的存在，變量之間的因果關係仍是相互的，同樣，雖然這個相互作用會滯後一期或者若干期，但是由於是時間序列，並且變量在帶入模型前經過了差分處理，因此差別不會太大。因此，我們把勞動作為因變量，其他作為解釋變量，則模型變為：

$$dL = \frac{1}{g_L}dY - \frac{g_K}{g_L}dK - \left(\frac{\delta}{(1+\delta)\ g_L}\right)dP - \theta\left(\frac{N}{P_{-1}g_L}dP_{-1}\right) \quad (6-27)$$

帶入數據得如下結果：

表 6-7　　　　　　　　　　　　對就業的迴歸

Dependent Variable：DL?				
Method：Pooled Least Squares				
Date：10/10/08　Time：09：27				
Sample：2001, 2005				
Included observations：5				
Number of cross-sections used：29				
Total panel (balanced) observations：145				
Variable	Coefficient	Std. Error	t-Statistic	Prob.
C	3.252,153	4.817,643	0.675,051	0.500,8
DY?	0.222,131	0.054,481	4.077,260	0.000,1
DP?	0.139,949	0.053,014	2.639,847	0.009,2
DK?	0.008,373	0.017,587	0.476,069	0.634,8
NPDP?	-0.040,762	0.030,806	-1.323,175	0.187,9
R-squared	0.505,298	Mean dependent var		34.120,00
Adjusted R-squared	0.491,164	S. D. dependent var		53.290,33
S. E. of regression	38.013,45	Sum squared resid		202,303.1
F-statistic	35.749,73	Durbin-Watson stat		1.676,846
Prob (F-statistic)	0.000,000			

在表 6-7 中，國民收入的增加、信息產業的變化對勞動力增減的影響系數檢驗都很顯著，這說明，國民收入的增加會反方向促進就業的增長，而信息產業的增長則會減少就業。國民收入的增長反應了國民經濟規模的擴大，這導致

就業機會的增多容易理解，那麼信息產業的增長怎麼會導致就業的減少呢？我們認為應該從下面這個邏輯來理解這件事情：首先，信息產業的邊際勞動生產率大大高於非信息產業，這導致信息產業的單位要素投入可以創造更多的物質財富，所以信息產業可以很快速地並且以越來越低的成本改造傳統產業的技術設備，而改造後的傳統產業需要的是高素質的人才，因而造成了對廉價勞動力的替代，從而引起了就業的減少。

同樣，把資本當作因變量，則模型變為：

$$dK = \frac{1}{g_K}dY - \frac{g_L}{g_K}dL - \left(\frac{\delta}{(1+\delta)} \frac{1}{g_K}\right)dP - \theta\left(\frac{N}{P_{-1}g_K}dP_{-1}\right) \quad (6-28)$$

代入數據得如下結果：

表 6-8　　　　　　　　　　　對資本的迴歸

Dependent Variable：DK?

Method：Pooled Least Squares

Date：10/10/08　Time：10:07

Sample：2001, 2005

Included observations：5

Number of cross-sections used：29

Total panel (balanced) observations：145

Variable	Coefficient	Std. Error	t-Statistic	Prob.
C	35.688,13	22.973,49	1.553,448	0.122,6
DY?	1.618,170	0.240,537	6.727,334	0.000,0
DP?	-0.382,182	0.258,809	-1.476,693	0.142,0
DL?	0.193,042	0.405,492	0.476,069	0.634,8
NPDP?	0.516,321	0.142,305	3.628,271	0.000,4
R-squared	0.736,829	Mean dependent var		355.031,5
Adjusted R-squared	0.729,310	S. D. dependent var		350.831,8
S. E. of regression	182.530,4	Sum squared resid		4,664,426
F-statistic	97.993,42	Durbin-Watson stat		0.512,542
Prob (F-statistic)	0.000,000			

信息產業的產值增加以及國民收入的增長對資本累積的增加影響係數也都比較顯著，因此國民收入的增加和信息產業的增長會促進資本累積，信息產業增加一個單位，會有 0.4 個單位形成對資本累積的貢獻。

(二) 結構角度

和信息產業對經濟增長在結構方面的直接貢獻不同，信息產業的間接貢獻在結構方面的表現是指信息產業的發展，使得非信息產業通過使用信息產品而改變了本身的生產函數形式，從而促進了本身規模的變化和在國民經濟中的比例和地位變化。結構的直接貢獻著眼於靜態和現在的既存狀態，間接貢獻則著眼於未來的比重變化趨勢。

我們知道，國民經濟的產業結構是指經濟中各類產業的構成和各產業之間的量的比例和質的聯繫等關係的總和。同時，隨著經濟的發展，這個產業之間的比例結構也是有規律變化的：即隨著經濟和生產率的發展，三次產業在國民收入的結構重點傾向於依次更替，第一產業比重逐漸下降，第二、第三產業比重逐漸上升。而有規律變化的原因，則是技術的發展改變了各產業之間的技術結構以及它們之間的生產力大小的比例，隨著濃縮著高新技術的載體——信息產品越來越廣泛和深刻地被應用在非信息產業中，使得非信息產業的技術改造也越來越依靠信息產業的發展。因此，信息產業的每一點變化，都會在未來引起其他產業的巨大的技術連鎖反應，從根本上改變原來的結構格局。

但是，在現有的經濟理論中，信息產業和傳統產業之間的動態作用也沒有一個嚴密的現成的結構性模型，不過，即使有現成的結構模型，著名的「盧卡斯批判」也證明了其實結構性方法也有很大的局限性，因此我們用西姆斯提出的非結構性方法——向量自迴歸方法來建立各個變量之間關係的模型。

向量自迴歸基於數據的生成過程，把系統中每一個內生變量作為系統中所有的內生變量的滯後值的函數來構造模型，以預測相互聯繫的時間序列系統及分析隨機擾動對變量系統的動態衝擊，從而解釋各種經濟衝擊對經濟變量形成的影響。這種非結構化的多方程模型不帶有任何事先約束條件，將每個變量均視為內生變量，避開了結構建模方法中需要對系統中每個內生變量關於所有變量滯後值函數建模的問題，它突出了一個核心問題是：「讓數據自己說話。」另外，因為這種模型能較好地刻畫內生變量對誤差變化大小的反應，因此，對於相互聯繫的時間序列系統是有效的預測模型，可以作為信息產業的發展對未來其他三次產業作用大小的測量手段，動態描述信息產業對第一、第二、第三產業的分別的即期和未來的影響。

1. 向量自迴歸模型

向量自迴歸模型的一般形式如下：

$$y_{1,t}=A_1 y_{1,t-1}+\cdots+A_P y_{P,t-P}+B_1 y_{2,t-1}+\cdots+B_P y_{P,t-P}+\cdots+\varepsilon_{y1} \qquad (6-29)$$

其中 A 表示第一個變量的參數，B 表示第二個變量的參數，y_1、y_2 表示內

生變量，ε_{i1} 表示來自 y_1 變量的殘差。這些誤差向量之間相關，但是與它們自己的滯後值不相關，與內生變量以及各個滯後值都不相關。在這裡，每個方程的最佳估計為普通最小二乘估計。其中隨機擾動項序列不相關的假設在這裡不需要加以限定，因為任何序列相關都可以通過加入 y 的滯後項來加以克服。現在我們要考察信息產業對其他三次產業的影響，那麼涉及的變量就有第一、第二、第三產業、信息產業各自的增加值，假設它們分別為 y_1, y_2, y_3, y_4，並且為消除異方差的影響，先各自取對數值產生新變量 lny_1, lny_2, lny_3, lny_4。

2. 變量和模型的選取

要進行向量自迴歸模型的估計，有幾個前提條件需要滿足：

首先是各個序列必須是平穩序列。所謂平穩序列是指時間序列的統計規律不會隨時間的推移而發生變化。因為當兩個變量均為非平穩時間序列的時候，這兩個變量間所進行的迴歸可能導致偽迴歸現象，即傳統的顯著性檢驗所確定的變量間的關係，在事實上是不存在的。時間序列平穩性的檢驗方式是 ADF 檢驗。帶入數據，我們得到各個序列的 ADF 檢驗結果：

表 6-9 　　　　　　　　　ADF 檢驗結果

變量	ADF 值	1%水準下的臨界值	5%水準下的臨界值	結論
dlyichan	-3.449,7	-3.806,7	-3.019,9	非平穩
dlerchan	-2.965,5	-3.806,7	-3.019,9	非平穩
dlsanchan	-2.119,2	-3.806,7	-3.019,9	非平穩
dlxinchan	-2.362,4	-3.806,7	-3.019,9	非平穩
ddlyichan	-4.013,6	-3.857,1	-3.040,0	平穩
ddlerchan	-3.027,5	-2.705,6	-1.961,4	平穩
ddlsanchan	-3.930,11	-3.857,1	-3.040,0	平穩
ddlxinchan	-4.142,3	-3.857,1	-3.040,0	平穩

表中 *dlyichan* 代表第一產業取對數以後的差分，*ddlyichan* 表示對 *dlyichan* 的一階差分；*ddlerchan* 則表示對第二產業取對數後差分的差分，*ddlsanchan* 表示對第三產業取對數後差分的再差分，*ddlxinchan* 表示對信息產業產值取對數後差分的再差分。根據 ADF 值，我們選取 *ddlyixhan*, *ddlerchan*, *ddlsanchan*, *ddlxinchan* 作為模型中的變量。

其次，需要確定滯後項的階數。一般而言，我們希望 VAR 模型的滯後項越多越好，因為這樣就可以完整地反應所構造模型的動態特徵。但是，滯後期越長，模型中待估計的參數就越多，自由度就越小。因此，應在滯後期和自由

度之間尋求一種均衡狀態，一般根據 AIC 和 SC 信息量取值最小的準則確定模型的階數。其計算式為：

$$AIC = -\frac{2l}{n} + \frac{2k}{n} \qquad (6-30)$$

$$SC = -\frac{2l}{n} + k\log\left(\frac{1}{n}\right) \qquad (6-31)$$

這裡，k 是估計參數個數，n 是觀測值數目，且

$$l = -\frac{nm}{2} + (1 + \log 2\pi) - \frac{n}{2}\log\left(\sum\frac{\varepsilon_t \varepsilon_t'}{n}\right) \qquad (6-32)$$

m 是內生變量的維數。

經過計算和比較，各個滯後模型在滯後期為二期的時候，SIC 值達到最小，故選定滯後期數為滯後二期。

最後，需要確定序列之間是不是具有協整關係，有的話就需要用向量誤差修正模型（VEC）來代替原來的 VAR 模型。其檢驗方式為 johansen 檢驗。

對 *ddlyichan* 和 *ddlxinchan* 的模型在 eviews 中進行 johansen 檢驗，得到結果如下：

表 6-10　　　　　　　johansen 檢驗結果 1

Lags interval：1 to 2

Eigenvalue	Likelihood Ratio	5 Percent Critical Value	1 Percent Critical Value	Hypothesized No. of CE (s)
0.536,725	25.895,87	15.41	20.04	None**
0.487,894	12.046,04	3.76	6.65	At most 1**

對 *ddlerchan* 和 *ddlxinchan* 的模型檢驗，得到結果：

表 6-11　　　　　　　johansen 檢驗結果 2

Lags interval：1 to 2

Eigenvalue	Likelihood Ratio	5 Percent Critical Value	1 Percent Critical Value	Hypothesized No. of CE (s)
0.606,603	25.443,00	15.41	20.04	None**
0.381,565	8.650,134	3.76	6.65	At most 1**

對 *ddlsanchan* 和 *ddlxinchan* 等式檢驗，結果如下：

表 6-12　　　　　　　　　　johansen 檢驗結果 3

Lags interval: 1 to 2

Eigenvalue	Likelihood Ratio	5 Percent Critical Value	1 Percent Critical Value	Hypothesized No. of CE (s)
0.790,343	45.364,93	15.41	20.04	None**
0.616,338	17.243,86	3.76	6.65	At most 1**

可見，由上述三個檢驗結果，dlyichan 和 ddlxinchan、ddlerchan 和 ddlxinchan、ddlsanchan 和 ddlxinchan 之間不存在長期均衡的關係這個原假設在 1% 顯著性水準下被拒絕，故皆選用 VEC 模型。

3. 迴歸結果和分析

分別對信息產業與各個產業之間進行向量自迴歸，可以得到四個迴歸模型，分別進行脈衝回應分析，可以得到信息產業一個時期的新息衝擊對三次產業的各自的衝擊波動，其結果如圖 6-4、圖 6-5、圖 6-6 所示。

Response of DDYICHAN to One S.D.Innovations

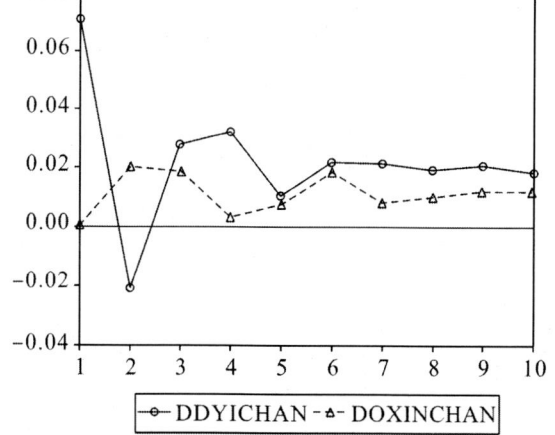

圖 6-4　第一產業對訊息產業的衝擊回應

圖 6-4 說明，信息產業在擾動項上一個時期的標準差衝擊對內生變量即第一產業的當期值和未來值的影響如下：信息產業的標準差擾動在第二期引起第一產業的正向回應，然後開始下降，在第四期達到最低，但仍然是正值；隨後開始上升，在第六期達到最高，然後又開始下降，呈現波動前進的趨勢，直到第十期才逐漸穩定。在這個過程中，我們可以看出，信息產業對第一產業的影響程度並不是十分強烈，信息產業增加一個標準差的產值，只對第一產業有

2%的作用,可見信息產業與第一產業之間的經濟聯繫和技術聯繫比較弱。

Response of DDERCHAN to One S.D.Innovations

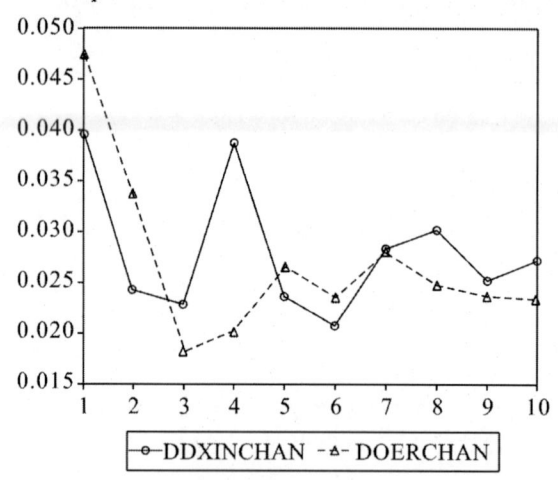

圖6-5　第二產業對訊息產業的衝擊回應

圖6-5表明,信息產業對第二產業的標準差衝擊在第一期是引起4%的增長,隨後開始下降,但是隨後又馬上在第四期達到原來的強度,且和第一產業相比,從對信息產業的產值增加的反應程度來看,第二產業顯然比第一產業有較強的與信息產業之間的聯繫。

Response of DDSACHAN to One S.D.Innovations

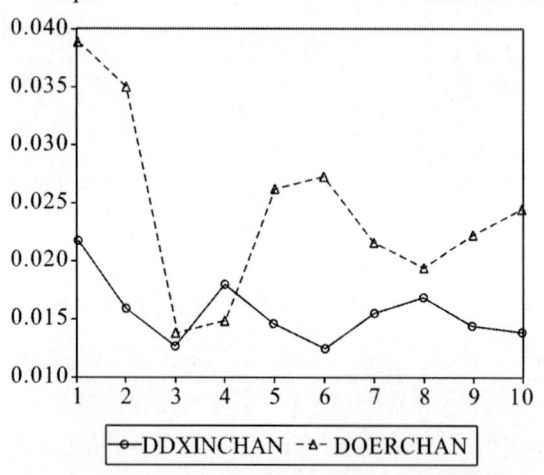

圖6-6　第三產業對訊息產業的衝擊回應

圖6-6表明，信息產業對第三產業的影響剛開始達到2%以上，不過到第三期的時候出現了最低點，然後開始上升，在第四期達到相對最大值1.8%，然後下降，依然呈現曲折波動的規律，但總體而言，其趨勢逐漸減弱，直到第十期以後開始逐漸穩定在1.5%左右。

通過對信息產業在中國經濟中的定量分析，我們發現近幾年來，信息產業的貢獻是巨大的，這不僅表現在信息產業本身的發展速度：2000年之後，信息產業的產值和當年GDP的比值開始大幅增加，在短短5年增加了一倍，達到了40%以上，產值絕對值為18,333.46億元。而且，在信息產業的間接貢獻方面，通過菲德爾模型，我們知道信息產業增長1%，會引起非信息產業0.24%的額外收益。具體到三次產業的層次，通過向量自迴歸模型，三次產業對信息產業的一個標準差的回應基本上都是正的，雖然有所波動，但是在將近10期的動態回應都是積極的，這顯示了信息產業對國民經濟結構的深層改造作用。

所以，在具體政策方面，我們認為主要有以下幾點值得注意：

首先，應該貫徹優先發展信息產業和走新型工業化道路的方針，始終堅持以市場為導向，加快發展以信息技術為代表的電子設備製造業及電信服務業，尤其是信息產業在基礎設施方面的應用。因為信息產業與非信息產業之間的要素生產力差距比較大，從而導致產業之間的技術接口不匹配，加大對基礎設施的信息化可以提高信息產業對其他產業的帶動度；開發中國信息產業、信息技術和產業跨越發展的關鍵技術，設計經濟建設所急需的應用技術，同時在市場制度建設方面，要堅決打擊知識侵權問題，維護技術創新的積極性。

其次，要加強信息產業和第一產業之間的技術聯繫。信息產業的發展要和第一產業的生產技術改造聯繫起來，積極推動信息技術在諸如農業機械改造、農田灌溉、農業信息服務等方面的應用，第一產業的生產力提高不僅可以加強國民經濟的經濟基礎，而且可以把勞動力從第一產業中解放出來，優化要素配置；同時也為自身的發展提供了更廣闊的市場，避免了產品的價值實現等再生產問題的出現。

最後，由於信息產業和非信息產業之間有比較大的要素邊際生產力差異，因此信息產業的發展必然會導致低素質勞動力的大量失業，所以要重視對下崗人員的再培訓，促進勞動力的技術更新和再就業，尤其要加強勞動力的信息化培養，造就更多的信息人才，理順失業人員的利益分配關係，保證社會穩定和諧。

第七章　信息產業促進經濟增長發展的對策和建議

第一節　加強基礎設施建設

一、初識經濟信息化

信息是人類社會的寶貴資源。一方面，隨著新技術革命的到來，由西方國家掀起的以開發利用信息資源為中心的社會經濟信息化浪潮在全球的興起，成為我們時代的重要特徵，標誌著人類已進入信息時代；另一方面，科學技術的進步與社會經濟的發展速度愈來愈取決於對信息資源的開發利用程度，因而知識信息的生產、加工處理、分配傳遞日益走向社會化、產業化，成為現代社會各領域的主導，信息資源的開發利用已成為促進社會經濟繁榮的主要動力，成為維持人類文明的一個基本要素。

進入20世紀90年代以後，全球性的社會經濟信息化熱潮方興未艾，發達國家紛紛擬訂對策，加緊信息資源的開發與利用，加快信息產業和高技術產業的發展，試圖通過信息化來強化本國的經濟實力和國際競爭力；一些新興的工業化國家也急起直追，致力於信息技術的推廣應用，同時，加快產業結構調整步伐，組織各方面的力量，優先發展信息產業和高技術產業，力爭縮小與發達國家的信息化差距；廣大第三世界國家也日益認識到，發展信息產業、走信息化道路已成為一個不可逆轉的趨勢，正採取各種措施，大力開發各類信息系統，加強對信息資源的開發利用，力圖通過信息化來加速本國社會經濟的發展。

社會經濟信息化既是一個過程，又是一種狀態，存在於社會經濟發展的多個層次，因而具有如下重要特點：

第一，信息技術被廣泛應用於辦公自動化、家庭自動化、生產自動化和企業經營管理自動化等社會活動領域和生產管理部門。據報導，1987 年美國擁有個人專用計算機和自動化工位 5,000 萬個，微機 100 萬臺，通用計算機 30 萬臺，60%的貿易、財務、管理方面的操作都是借助於計算機網絡完成的；至 1990 年，美國微機的家庭普及率達到 22%，電話普及率達到 93%，在家庭辦公的有 2,600 萬人。早在 1984 年，日本實際運轉的計算機已達 17.25 萬臺，並開始出現計算機聯機化和辦公計算機化。

第二，信息產業發展迅速，在國民經濟中的地位和作用日益增強。有關研究表明，發達國家信息產業占其國民生產總值的比重達到 40%～65%，新興工業國家為 25%～40%；發達國家信息部門勞動力占總就業人數的一半以上。據美國信息產業協會第 22 屆年會有關資料介紹，1990 年全球電子信息產業硬件產值約 8,600 億美元，軟件市場規模約 1,200 億美元，信息服務業市場規模約 180 億美元。

第三，產業結構的高次化和產品信息含量的高密化。20 世紀 80 年代以來，在發達國家的產業結構變化中，諸如鋼鐵、紡織、化工等勞動、資本密集型的傳統產業部門正在衰落，逐漸失去其主導地位，而一些技術密集型的新興產業部門則在迅猛發展，逐步取得主導地位。產業結構的高次化使得產品在生產過程中消耗的物質能量減少，而消耗的智力、技術與知識相對增多，導致產品信息含量的高密化。

社會經濟的信息化對於社會經濟的發展產生著廣泛而深遠的影響，大到國家的政治生活，小到人們的日常生活，無時無處不體現著信息化的力量。目前，我們已經感受到的社會經濟信息化帶來的巨大變化有：微電子技術的應用使生產過程完全自動化，從而極大地提高了勞動生產率。據有關資料介紹，一臺年產 200 萬噸的標準鋼熱軋機，若用人工控制，每週產量至多 500 噸，採用計算機控制後，每週產量可達 5 萬噸，產量提高了 100 倍。美國生產小型和超小型計算機的霍尼韋爾信息系統公司，20 世紀 60 年代採用計算機處理生產經營信息後，其資金週轉率從原來的 3.78 提高到 5.50，庫存量下降 360 萬美元，按時交貨量則從 50%提高到 96%。信息作為一種生產要素投入的增加，大大節約了能源和其他物質原料。人類社會活動對信息的依賴與日俱增，導致信息資源觀和信息財富觀的確立，信息技術的廣泛應用極大地方便了人們的日常生活、改善了人類生活環境。現在，電視購物、家庭辦公已經成為現實；各種傳統產品由於使用新技術，其質量與性能不斷提高，更好地滿足了人們的消費需求；計算機和機器人的應用，使人類正從繁重的體力勞動中解脫出來，並代替

了人類部分的腦力勞動。信息技術使人們獲取信息的手段和渠道多元化，對政治生活的民主化和決策的科學化起著積極的推動作用。

　　上述情況表明，這場由發達國家掀起而後波及廣大發展中國家的全球性社會經濟信息化熱潮，以信息技術的迅速發展為支撐，以日益嚴峻的信息爆炸、能源危機、國際競爭為動力，從20世紀70年代以來獲得了廣泛深入的發展，以至成為我們時代的重要特徵。

　　從一些發達國家信息化的實踐過程來看，其信息產業的形成與發展都是社會生產分工發展到一定階段的產物，是由科學技術和生產力的發展水準決定的。具體表現在三個方面：一是先進的科學技術，這是實現情報信息工作現代化、提高生產效率與服務質量的重要保證，而現代信息技術的發展與應用，必將大大改善工作條件，同時也導致情報信息工作向產業化方向發展；二是社會日益增長的情報信息需求，這是導致信息產業形成與發展的直接動因；三是經濟基礎，任何新興產業的發展都會受制於社會經濟狀況，資金與勞動力是發展信息產業的重要條件，而資金與勞動力向信息經濟轉移的程度總是與一定的經濟發展水準相適應的。另外，信息產業的成長模式還受到經濟管理體制的影響。在資本主義國家，信息商品化程度較高，信息生產與服務容易形成產業規模，這在數據庫產業的發展上尤為明顯。而在中國這樣的發展中國家，由於經濟基礎薄弱，信息化、商品化程度低，信息投入遠遠小於物質投入，再加上社會總投資規模小，因而對信息產業的社會總投入少，使信息產業的發展受到很大局限。工業發達國家信息化水準的不斷提高，使我們面臨著工業化與信息化的雙重差距。據統計，1982年中國國民生產總值中只有15%與信息活動有關，信息業勞動力占總就業人數的8.8%，只相當於美國20世紀30年代和日本20世紀50年代初的水準；另據報導，到1987年，中國大、中、小型計算機裝機總數為8,000臺，微機約20萬臺，不僅數量與發達國家相距甚遠，而且利用率普遍偏低，只達到15%，而美國計算機的利用率為85%。從當前形勢看，中國還面臨著與發達國家信息化差距繼續加大的危險。從國內情況看，雖然30多年來，中國的情報信息事業有了很大發展，特別是在改革開放的年代，隨著商品經濟的發展，有償情報服務及情報商品化的實踐也為情報信息部門注入了活力，並促進了一些以營利為目的的信息部門的興起與發展，但畢竟步子不大，進展緩慢，遠遠不能適應形勢發展的需要。現在我們可以清楚地看到，中國第三產業，特別是作為第三產業主要組成部分的信息產業的落後狀況，已經嚴重地制約著生產力的發展，例如在經濟領域，情報信息不靈的現象依然普遍存在，大大影響到經濟的騰飛，這不能不引起我們的高度重視。

二、信息產業的初步建設

加速經濟發展，必須重視第三產業，特別是信息產業的建設，走信息化道路。

一些工業發達國家的成功經驗表明，實現信息化是加速社會經濟發展的有效途徑。日本能夠在戰敗後的一片廢墟上建立起一個世界經濟強國，一個重要的原因是它能順應信息化的時代潮流，抓住機遇，以信息化加速其社會經濟的發展。20世紀80年代中期，日本能經受住日元升值的巨大衝擊，國民經濟能夠在巨大的基數下保持住較高的增長率，信息化也起到了相當重要的作用，他們通過在生產中廣泛使用信息技術進一步提高了勞動生產率；通過技術革新，增加技術信息的投入，節約了大量能源和原材料，提高了經濟效益；通過強化全球性的信息網絡，提高了在國際市場上的應變和競爭能力。其他一些新興工業國的發展實踐也提供了這方面的經驗。這表明，全球性的信息化為發展中國家實施趕超戰略提供了機遇，同時，也提出了挑戰。為使中國經濟發展跟上世界發展的步伐，我們應該緊緊抓住這個機遇，迎接挑戰，大力推進中國的信息化進程。

發展信息產業是一項複雜的系統工程，涉及的問題很多。下面僅就其發展戰略問題談幾點認識。

（一）提高認識，轉變觀念，走信息化道路

要充分認識到開發利用信息資源對發展社會生產力的極大重要性，這既是科學技術自身發展的需要，也是將科學技術成果轉化為現實生產力的重要手段。現在國家實行改革開放政策，正在大力發展市場經濟，要樹立商品經營觀念，強化信息意識，不斷提高信息服務能力和對信息的吸收消化能力，以適應整個國民經濟迅速發展的需要。我們要認識到，市場經濟的實質就是競爭，要競爭就必須信息靈通。目前市場經濟正迫使企業進入市場，參與競爭，而競爭的關鍵是技術競爭，誰能掌握先進的科學技術，享有最佳的情報信息服務，誰就能佔有市場，就能在競爭中擊敗對手而立於不敗之地。這雖已為國內外許多企業的正反兩方面的經驗所證實，但仍有人不甚理解，故仍有大聲疾呼、反覆宣傳之必要。

要把先進的科學技術轉變為現實的直接的生產力，還必須重視並努力做好轉化工作，這是當前貫徹科學技術面向經濟建設、經濟建設依靠科學技術戰略方針的重點，也是開發利用信息資源的目的。據報導，目前中國科技成果轉化率約為15%，專利轉化率也只占30%。造成科技與生產脫節的原因是多方面

的，其主要原因有三：一是還沒有形成促進科學技術與生產緊密結合的市場機制；二是企業缺乏技術進步的動力、活力和壓力，據有關部門抽樣調查，只有10%的企業有危機感，急需技術情報，20%的企業有需求，但不迫切，70%的企業認為日子過得還可以，沒有技術進步的需求；三是科技與生產結合的中間渠道不暢通，情報信息工作跟不上，致使急需科學技術的企業得不到支持，而科研部門的研究成果又推銷不出去。因此，要加快科技成果的推廣應用，使其盡早轉化為直接的生產力，需要在多層次上作出努力：一方面要深化科技體制改革，以形成科學技術面向經濟建設的市場機制，轉換企業經營機制，以增加企業對技術進步的需求，同時，發揮政府職能，通過高科技開發區來推動重大科技成果的轉化與高科技產業的發展；另一方面，則要大力加強情報信息服務工作，以暢通科技與生產結合的中間渠道，並將優質服務貫穿於科學技術轉化為生產力的全過程，不斷促進經濟增長。

(二) 開發智力資源，要重視人的因素，發揮人的主觀能動性

人才是最可貴的，沒有人才，科學技術不可能發展；沒有人才，即使擁有高價引進的科學技術和設備，也難以有效地轉化為生產力。因而，人才的培養與使用，智力資源的開發與利用就顯得尤為重要，需要從戰略的高度來認識這個問題。一方面要重視智力投資，大力發展教育事業，培訓急需的各類專門人才，同時不斷提高整個社會勞動力的科學文化素質，這是百年大計的基礎建設，其重要意義遠遠超過某些工程項目的建設；另一方面，就是合理使用人才，充分調動廣大科學技術人員的生產積極性，最大限度地發揮他們的聰明才智。國家科委科干局1987年的抽樣調查表明，在科技人員中，發揮作用的約占20%；部分發揮作用的占60%~70%；未發揮作用的占10%。當然，造成這種情況的原因是多方面的，或人才分佈不均衡；或用人不當，而長期形成的「單位所有制」又阻礙著人才的合理流動；還有一個比較普遍的情況，就是工作生活條件尚未得到應有的改善。對這些問題，相關部門要認真加以分析研究，要堅持改革開放方針，允許競爭，允許人才流動，尊重知識，尊重人才，多辦實事。目前，許多地方都在興建「開發區」，為吸引外資，千方百計為外商創造優惠的投資環境。筆者認為，為我們自己的科技人員施展才能而創造比較優惠的工作環境，更是理所當然的。現在，有的地方已認識到這一點，並採取了一些實際措施，收到了實效，這是很可喜的。

(三) 統籌規劃，大力發展國家情報信息系統的網絡化建設

這裡指的是整體化的國家情報信息系統，而不只是指某個方面的情報檢索網絡化。建設好網絡化的國家情報信息系統十分重要。30多年來，中國已建

立起比較系統的圖書情報機構，這是進一步發展、完善中國情報信息系統的有利基礎；為了適應發展市場經濟的需要，各類信息機構和諮詢服務中心大量湧現，這是個好勢頭；1987年，國家信息中心的成立，標志著中國信息事業已進入一個新的發展階段。由於上述各系統分別隸屬於不同的行政管理部門，經費來源不同，條塊分割，彼此平行發展，且各有不盡相同的組織結構和功能，交叉、重複現象十分突出。在這種情況下，強調系統觀點是十分重要的，要充分發揮國家在這方面的宏觀調控功能，即把各類情報信息系統置於國家統一的組織領導之下，並看成是國家整個信息系統的組成部分，正確處理局部與整體、局部與局部之間的相互關係，而不去搞各自的「大而全」和「小而全」式的多中心，以免重走彎路，造成新的人、財、物浪費。為此，第一，可在國務院主管第三產業的部門設立相應的委員會，根據發展第三產業的要求，制定相應的政策法規，指明方向，確定步驟，協調好各分系統間的分工合作關係；第二，是優化現有情報信息系統，改革舊的管理體制，精兵簡政，提高服務效率；第三，引入競爭機制，將它們推向用戶市場，不斷提高其對市場經濟的適應能力；第四，走產業化道路，興辦信息集團公司，發展數據庫產業，特別是諮詢產業。實行統一規劃與發揮各分系統的積極性相結合，長遠及近期目標相結合，競爭與協作相結合，引進與自建相結合，既講經濟效益，也講社會整體效益，不搞低水準的重複勞動。目前，在中國全方位改革開放政策的推動下，許多第三產業部門開始積極引進外資，「三資企業」日益增多。信息事業是第三產業的重要組成部分，如果能在平等互利的基礎上吸引一定外資（包括技術設備和管理）共同建設現代化的網絡系統，將會對信息資源的開發利用產生積極影響。

　　加強國家情報信息系統網絡化建設，既是改革開放的需要，也是加強第三產業、深化情報信息服務的需要。考慮這個問題必須從實際出發，從改進與加強中國現有情報信息系統的組織與功能這個實際出發，而不宜單純按行政條塊辦事。

　　(四) 發展信息產業要有穩定的政策保障

　　政策是行動計劃所依據的基本原則，要十分重視政策法規的制定與實施。在這方面，科技情報系統已先走了一步，由國家科委科技情報（信息）司主持制訂的《中國國家科技情報政策要點》便是調整中國科技情報實踐活動、指導科技情報事業發展的策略原則和行動綱領，但有局限性。應當在此基礎上進一步研究制訂切合形勢發展需要而又適用於中國整個情報信息產業的政策法規。如關於信息產業在國民經濟建設中的地位和作用、產業結構、範圍、產品

的商品化、市場體系（包括物資、技術、勞務、資金市場等）的建設以及如何引入競爭機制、推行各種形式的承包經營責任制、促進多種所有制成分的共同發展等問題，都需有明確的政策法規來引導；要增強法制觀念，克服某些無法可依或是有法不依的人治現象；要增強服務觀念，深入實際，做好服務工作，以確保社會生產力的穩步增長，促進經濟繁榮。需要指出的是，發展信息產業既可以促進經濟增長，又有賴於社會經濟基礎的改善，而目前中國的社會經濟基礎還比較薄弱，需要有一個相當的過程才能得到根本改善。因此，發展中國的信息產業既要有時代緊迫感，但又不能操之過急。

第二節　信息產業發展新特點

20世紀中後期，高新技術在世界範圍內突飛猛進地發展，引起了各國的高度關注。作為高科技產業領頭羊的信息產業，其成熟程度已經成為一國經濟發展的決定力量，也就是說信息產業的發展已經成為世界各國經濟發展的主要推動力和社會擴大再生產的基礎。信息產業的發展也凸現出了不同於其他產業的特點和趨勢。

一、全球電子信息產業發展特點

（一）電子信息產業的市場結構呈現為競爭性壟斷市場結構

現代電子信息領域，微電子技術是產業發展的基礎，微電子技術不斷進步是推動產業增長的主要力量。從歷史情況來看，產業發展基本上遵循了摩爾定律指定的路線。摩爾定律是指半導體芯片中所能容納的最大晶體管數大約每18個月就會翻一番，同時成本下降一半。

除摩爾定律外，主導信息產業發展的另一個規律來自網絡傳輸變化帶來的影響。目前形成了有關網絡傳輸的新規律，即信息傳播網絡寬帶每9個月增長一倍，主幹網業務量半年左右翻一番，網上的信息每100天翻一番，業界一般稱其為新摩爾定律。可以說技術變化是主導電子信息產業發展的關鍵力量。

信息產業中的競爭性壟斷市場結構包含兩層含義。一是信息產業的市場結構具有高度的競爭性，市場的開放度越高（進退無障礙），競爭就越激烈。二是摩爾定律表明信息產業是一個技術飛速發展的產業，首先研製出新產品的企業就能獲得暫時的壟斷地位。但一個企業要保持長期的壟斷地位，就必須不斷地進行技術創新，因為摩爾定律又說明信息產業中的企業如果不能跟上技術創

新的步伐,就會很快衰落、消亡。也就是競爭程度越高,壟斷程度也就越高,甚至形成寡頭壟斷;而壟斷程度越高,競爭就越激烈,創新的頻率也就越快,因為壟斷地位所帶來的經濟利潤是最強有力的激勵。競爭優勢要靠創新來建立,而創新局面則要靠競爭來推動,競爭性壟斷市場結構與傳統經濟市場結構之間的對比區別如表7-1所示。

表 7-1　　　　　　　　　三種不完全競爭市場的區別

市場結構 特徵	競爭性壟斷	壟斷競爭	寡頭壟斷
企業數量	較少	很多	很少
企業間競爭程度	很強	強	較強
價格決定	自行決定	相互影響	受其他廠商制約
定價方式	區別定價	高於邊際成本定價	不確定(價格合謀、價格領導等)
價格變動趨勢	持續性下降	比較穩定	基本穩定
壟斷時間	一般很短	較長	很長或較長
核心競爭力	技術創新能力	品牌	多因素(市場行銷、企業管理等)
進退障礙	進入障礙:技術	進退較易	較難
技術創新速度	很快	較快	較快
行業分佈	信息產業	食品等日用工業品	機械、重化工、汽車等

(二) 產業內部企業之間分工層次明晰與產業聯繫緊密關聯效應明顯

電子信息產品製造業企業之間分工層次清晰,從產業經濟學的角度來看,可以根據這些企業所處的產業鏈位置或經濟活動的不同特點而加以分類。以硬件設備生產為主的情況為例,根據其活動特徵及所提供附加價值的不同,可以將其分解為芯片和元器件製造廠商、整機製造廠商與整機廠商合作(實行產品定制)的合同製造商,以及以市場行銷和售後服務為主的分銷商。它們之間的關聯關係可以簡化為圖7-1。

由圖7-1可以看出,從產業內部分工和供需關係出發,形成了電子信息產品製造業垂直的供需鏈和橫向的協作鏈關係。一方面,芯片和元器件製造商、進行品牌運作的整機製造商以及面向用戶的分銷商分別作為產業鏈的上、中、下游產業,從附加值追加過程中形成了垂直的供需鏈;另一方面,作為整機製造商的原設備生產商(OEM),通過電子製造服務(EMS)方式,建立了與合同製造商(CEM)的橫向協作關係。

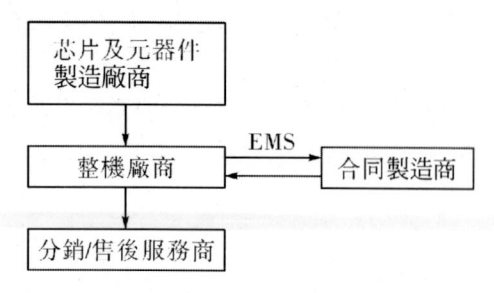

```
┌─────────────┐
│  芯片及元器件  │
│   製造廠商   │
└──────┬──────┘
       │
       ▼
┌─────────────┐  EMS  ┌─────────────┐
│   整機廠商   │ ◄────► │  合同製造商  │
└──────┬──────┘       └─────────────┘
       │
       ▼
┌─────────────┐
│ 分銷/售後服務商 │
└─────────────┘
```

圖 7-1　電子訊息產品製造業中不同類型廠商及其關聯關係

電子信息產業經過幾年的發展已經形成完整產業群，以微電子技術為中心，形成一個範圍廣闊的產業鏈。電子元器件作為電子信息產業基礎，輻射下游所有產業。產業間形成較為緊密的內部聯繫，這種聯繫表現在兩個方面：一方面，電子元器件產業增長動力主要來自下游產業的拉動，產業需求成為一種引致需求，由於下游產業較多且各行業發展階段和市場前景不同，電子元器件需求的結構性特徵比較明顯。另一方面，產業整體增長來自兩方面力量：一是上游產業技術創新。上游產業技術創新可以革新下游產品性質，從而刺激消費和投資需求。二是下游產業需求拉動。在上游產業技術創新相對緩慢的情況下，下游產業拉動同樣導致整個行業穩定增長，由於電子信息產業是技術創新推動型，因而上游產業技術創新對產業整體增長貢獻更大。

（三）產業全球分工與專業整合趨勢明顯

快速技術變遷與技術擴散帶來的市場競爭以及產品創新與技術開發中的不確定性程度愈來愈高，使得電子信息產業中投資於新產品開發或生產的風險也隨之愈來愈大，通過專業分工可以分散風險，這是導致高技術產業廠商致力於產業分工經營的主要因素。企業通過全球佈局進行專業分工的目的在於整合全球各地的比較利益，讓各項活動能夠充分運用各地的優勢資源，形成最具優勢的競爭基礎。目前的信息網絡環境，提供了溝通協調與運輸上的便利，消除了全球化經營中的空間限制，讓廠商能夠將各項活動配置到全球最適當的地區經營，擷取各地的比較利益。顯然，廠商的全球資源整合能力成為長期競爭優勢的關鍵。從產業本身來看，生產製造、研究開發、行銷服務等主要企業功能，所需的資源不同、所依賴的最佳環境條件也不同，所以廠商進行全球分工佈局的戰略做法是將研發、生產、行銷等主要活動，依據地區資源特性而進行全球佈局。

從另一個角度看，每一個國家或地區都有其獨特的經濟發展條件，適合不同的企業活動，廠商進行全球佈局的做法，主要是從不同地區、不同企業活動

的角度出發，或是配合合同地區的經濟發展條件，發展小同產業。也就是說，地區產業的發展會受到該特定地區資源特性的影響，而地區資源特質又會成為吸引跨國公司展開全球分工佈局戰略的因素，通過這兩者之間的互動效應，全球各地區朝向不同的特定產業群聚現象，已經成為不可避免的趨勢。

就電子信息業來看，其標準化程度提升後，兼容產品間所形成的網絡外部性（network externality）使得專業廠商的產品開發與價值鏈連接更具效率，導致國際產業垂直分工的逐漸形成。產業垂直分工趨勢也促成先進國家、擁有產品品牌的廠商逐漸採取專精經營與戰略外包（strategic outsourcing）的做法。而電子信息產業中具有競爭優勢的專業外包廠商，通過高效率的產品開發速度以及具有競爭力的製造能力，因而能夠滿足買主對高度市場競爭的外包需求。廠商在產品研發能力上的資源投入使廠商具有了產品設計與開發的能力，不僅提升了其附加價值創造的空間，同時還省卻買主投資於非戰略性活動領域的資源，使其能夠專注於應對市場上的競爭要素，使得製造廠商與買主間形成相互依賴性，從而提高供應關係的不可替代性與議價能力。

在全球分工趨勢下，形成不同地區發展不同產業的現象，例如：技術研發活動必須集中在研發資源充裕的地區中，形成以研發為主的產業結構；勞力供應充沛地區適合從事生產製造組裝活動，並帶動相關零組件、原材料與製造服務業的發展，而形成以製造組裝為基礎的產業結構。配合這一產業結構變遷趨勢，區域性產業發展將出現專業整合的趨勢。專業整合強調每一個廠商都在其特定的專業領域中，以已有的專業核心能力逐步整合相關的技術與外圍活動，構建既具有獨特性又具有專業性的產業影響力。這一發展趨勢，在產業全球化且高度分工的環境下，是廠商發展核心能力、確立競爭優勢的戰略作為。

在電子信息產業的發展中，發達國家主導著產業發展的趨勢和格局，處於產業價值鏈的高端，主要從事系統集成和高技術產品的開發和銷售，而把生產技術含量較低的產品向發展中國家的地區轉移，發展中國家以其廉價的勞動力，利用成熟技術，發展處於產業價值鏈低端的加工、組裝製造業。發達國家在產業中的地位相對突出。據統計，在全球電子信息產業總規模中，美國占28%，日本占23%，西歐占20%，中國僅占4.2%。面對這一趨勢，技術落後的國家可以選擇產業中的某一環節進入，分享產業成長的利潤，通過產業組織創新即依靠高效管理和經營模式創新獲取規模經濟利益。

(四) 產業的空間組織形式——集群化發展趨勢明顯

集群是基於地緣、產業技術鏈、同業交往等關係，在競爭和合作中共同獲得競爭優勢的特定產業群體。地理上的群落是外在現象，內在的關係才是集群

的本質。電子信息產業是知識型產業,知識和技術創新非常迅速,產品市場變化非常快,產業的空間集聚形成了一種創新網絡,能夠帶來集聚效益,減少企業經營風險,因而產業集群是電子信息產業發展的典型特徵。

美國硅谷是世界上最成功的高新技術產業集聚區,也是知識經濟的發源地,從20世紀50年代一些電子企業的誕生開始到20世紀90年代,這一30英里(1英里≈1.609,344千米,下同)長、10英里寬的狹小地域已經聚集了8,000多家電子科技公司和軟件公司,占美國1/3以上的計算機企業,其中全球前100家大科技公司有20%在此落腳,英特爾(Intel)、思科(Cisco Systems)、升陽(Sun Microsystems)、網景(Netscape Communications Corporation)和3Com等5家上市公司的股票價值的總和已超過2,500億美元。1998年,硅谷的產值相當於當年中國國內總產值的1/4。

英國的蘇格蘭科技區在蘇格蘭中部,是聞名世界的高技術區。該地區聚集了大量電子生產企業和相關的科研開發和銷售公司,現已成為英國乃至歐洲的電子工業生產基地,其集成電路產品占英國的79%、占歐洲的21%。該地區擁有250家電子公司,就業人數4.5萬,並擁有大量諮詢、廣告、銷售服務公司。工業用電子產品、信息系統、國防和空間產品、電子元器件的生產占電子工業就業量的近80%。

印度的班加羅爾(Bangalore)是高技術產業開發區中成功的一例。近年來,印度在軟件業和服務業的出口取得飛速發展,許多國家將其視為榜樣,這與班加羅爾的成功是分不開的。班加羅爾主要是集中研究和生產計算機軟件,成為世界上一個最重要的計算機軟件生產、加工和出口基地,很多跨國公司已經到這裡投資發展研究和生產業務。

二、對中國信息產業發展的啟示

(一)加快信息產業的發展,適應經濟全球化和信息化兩大發展趨勢

中國作為最大的發展中國家,只靠相對的比較優勢是無法實現跨越式發展的,在國際分工中也將長期處於不利的地位。根據發達國家的經驗,信息技術是較易實現跨越式發展的領域,而且其技術溢出、滲透與帶動效應極大。信息產業作為新興生產力的代表,不僅自身就是國民經濟新的增長點,將形成巨大的產業群體,而且還將帶動傳統產業的升級和改造,優化資源配置,提高經濟增長的質量和效益。

(二)正確引導信息產業的集群化發展

電子信息產業的集群化不是一般意義上的企業的聚集和產品的集散地,它

更是一個區域創新系統。儘管產業集群大都是在市場機制下自發形成的，但在引導產業的集群合理有序發展、創造一個有利於創新的良好外部環境，以及防止集群退化甚至走向衰退等方面，政府服務與引導功能的發揮也是十分重要的。政府可以從以下幾個方面來培育信息產業的集群化發展：首先，把產業優勢、政策優勢、成本優勢和區位優勢結合起來，根據區域的比較優勢來發展相應的產業群，有些區域集群在技術研發中居核心地位；有些更注重產品製造；還有一些重點在流通。換句話說，就是各個區域應當對自己有一個準確的定位，形成產業分工和產業特色，而不是結構的趨同化。其次，以產業的關聯性為依據，建立相互依存、相互促進的產業網絡體系，通過產業關聯各個環節來衍生出一批具有分工協作關係的關聯企業，形成集群。最後，鼓勵高校和各種研究機構、培訓機構融入企業的生產經營活動，營造一個真正有競爭力的創新體系。

（三）通過技術上、制度上、市場上的融合，使中國的信息產業朝著專業化、網絡化、國際化、集群化的方向發展

政府可以通過鼓勵外資企業提供圖紙、培訓和其他技術服務，對這些活動給予各種方便和優惠待遇，來提高本地配套企業的技術能力，同時通過對企業所需的試製費、設備添置費等提供優惠貸款的方式，鼓勵配套企業提高自主創新能力以達到與跨國公司在技術上的融合；政府從對國有企業的直接微觀管理中退出，轉向政策制定、產業規劃、投資促進和公共設施建設等方面，對國有資產所有者職能與行政管理職能進行適當的分離，消除對國有企業行政干預的制度基礎，加快國有企業市場化進程，同時在規範市場秩序、維護企業信用、產品質量認證、保障知識產權等方面通過深化體制改革，進一步與國際接軌，實現與跨國公司制度上的融合；中國擁有最大的高新技術產品的市場潛力，大量外資進入的主要經營目標就是占領中國市場，而加入世界貿易組織（WTO）意味著競爭將是全球範圍內的市場競爭，在這種形勢下產業的發展不僅要分析國內市場結構，而且要對國際市場結構有清醒的認識，首先對跨國公司淡出的那些技術已經成熟和普及的低附加值產品領域，我們不僅要占領國內市場，而且要不斷擴大國際市場份額，再通過接續國外轉移過來的高端產品，生產國外品牌產品，並以「中國製造」產品打進國際市場，把電子信息製造業進一步做大，向世界級製造基地的目標邁進，實現市場上的融合。

通過這三方面的融合，使中國的電子信息產業朝著專業化（建設微電子產業基地、通信產業基地、計算機製造基地以及貼片、註塑、衝壓、組裝、模具配套加工基地）、網絡化（不僅培育地方網絡而且加入到國家網絡以及國際

網絡之中)、國際化(跨越國界的企業間聯繫、具有國際競爭力、在國際市場上佔有一定份額、國際性電子信息產品生產中心)、集群化(促進本地企業與跨國公司在本地採購零部件和原材料的後相關聯、形成集聚效應、加強本地企業與跨國公司在科技研發上的前向關聯)的方向發展。

(四)在引進外資的政策方面應該有新的變化,由優惠政策引資、良好的基礎設施和便利的商業環境引資到改善區域集群經濟體的企業生態環境引資

在吸引外資方面,以減稅讓利為主的優惠政策在中國對外開放前期對外資發揮了重要的作用,但是在各發展中國家和地區外資政策趨向自由化,特別是在國內各地區對外資優惠政策的優惠程度競相攀升的形勢下,這種做法的成本增加,而對外資的吸引力在遞減。從外商投資的動機來看,跨國公司的投資目標已經發生了改變,由過去的主要利用廉價的勞動力和土地以及優惠政策等生產要素導向型轉向以佔有市場為主要經營目標的市場導向型,現在又以提高跨國公司的國際競爭力為核心。經營目標的改變使得跨國公司在全球的經營方式也相應地發生了改變:一是出於全球競爭的考慮,許多跨國公司和國外大財團紛紛把技術含量較高的電子信息產品生產基地向中國轉移,將生產產品的工序前移,在中國設立研發中心,在研發和服務方面更多地實現本地化;二是由於技術的發展、消費行為的個性化以及市場的全球化,需要企業必須盡可能把注意力集中在核心競爭力上,而核心競爭力之外的活動可採取專業化業務外包制。為了積極有效地引進外資,促進中國電子信息產業的發展,就必須根據跨國公司投資目標的調整而相應地調整招商引資的政策。除繼續爭取一些優惠政策以外,更重要的是構建一些產業發展的載體和工具。從「辦企業」的競爭到「改善投資環境」的競爭,改善吸引跨國公司的軟環境、硬環境及包括產業鏈、企業群、區域經濟體的企業生態環境,通過外資的引進帶動產業技術的提升,最終使中國電子信息產業走向自立型發展之路。

第三節 對策建議

經過前面的分析我們可以看出信息產業的發展對經濟增長有著正面而深遠的影響,可以說,關於信息產業政策的設計和運用,不僅是政府實行信息管理的重要手段,而且直接影響到一個國家經濟發展程度和增長水準。下面主要就完善政府部門管理機制,推動產業模式創新,促進產業空間合理佈局,引導國民提升文化素質、轉變消費觀念,加大人才培養力度、提高自主創新能力等方

面提出文化產業發展的政策建議。

一、完善政府部門管理機制

在信息產業發展的進程中，政府部門應當不斷開拓創新，加快立法立規，完善信息產業政策，促進信息產業的法制建設。政府部門應當建立健全針對信息產業的支持和配套政策，以及相應的保障體系，形成較為規範的信息市場秩序。例如在投資規模與稅收優惠、經營權限方面，在投資方式與經營方式、融資與直接投資的配套政策方面，都需要相應的法律保障。信息產業與其他產業一樣，其發展必然要遵循經濟發展的市場規律，各級政府在佈局經濟和調整產業結構時，要把信息產業納入經濟和社會發展規劃中，將信息產業列為優先發展產業，制定出向信息產業傾斜的政策。

當然，遵循市場規律的同時，也需要實施有必要的政策監控。對信息產業政策實施的監控主要包括以下幾點：首先，從立法機關的角度，政府制定相應的法律來保障信息產業政策的實施，在對信息政策實施的過程中通過聽取和審議、預算、決策、立項和組成調查委員會等多種形式來進行有效監控；其次，從司法機關的角度，對信息產業相關經濟政策的各個環節和各項內容中的違法行為進行查處和及時強制糾正；再次，從行政機關角度，各級行政機構要通過部署、督促和評估等形式對所制定的信息產業政策進行監督；最後，社會群體和大眾可利用各類媒體，履行信息產業政策制定和執行過程的社會監督功能。只有各個方面監督機制都切實到位，才能做到對信息產業政策的實施起到有效的監控效果。信息產業政策的有效實施往往顯著性地影響信息產業的發展。總之，發展信息產業需要政府部門不斷完善管理機制，既要遵循產業發展的市場規律，又要發揮政府對信息產業引導、協調、監督的職能，用好的體制機制保證信息市場的繁榮穩定，從而進一步實現信息產業的跨越式發展。

二、推動產業模式創新

在中國信息產業結構中，新興信息產業比重較低。在國際信息產業鏈和產業格局中，中國處於加工端，缺乏自主創新，缺乏新興信息產業的控制力。因此，要提高中國信息產業的總體效益，需要著力推動產業模式創新。要制定實施信息產業發展的創新政策，強化對新興信息產業的引導、支持，推動信息產業結構升級。

一是要充分認識和運用產業結構調整和演進規律作用，追蹤和把握信息產業、高新技術的發展趨勢，為信息產業創新明確方向，打下產業升級的認識基

礎。二是建立投資支持體系，調整信息產業的政府投入方向和結構，著力調結構、促升級，重點優先投資發展成長性好、附加值高、關聯性大、市場潛力大的新興信息產業，發揮政府投資的引導作用，引導社會資本跟進，開闢產業新領域，拓展產業新空間；創新財政投入、支持方式，完善投資指導、評價、評估、管理體系，提高投入效率，放大投入效應。三是要用高科技改造傳統的、落後的信息產業，不斷增強傳統信息產業的競爭力。加快產業結構調整和升級的步伐，淘汰落後生產能力，發展數字化技術，從政策、資金等方面大力培育投資規模大、技術含量高、發展後勁足的信息企業，建立新興信息產業孵化器，培育新的信息業態。四是支持產業間、行業間融合，如電信、電視、互聯網的融合，扶持價值鏈的創造和產業鏈的延伸，構建完整一體化的產業鏈條。五是支持和鼓勵各類信息企業與高等學校、科研機構結成創新型組織，通過科技、媒介和信息整合，生成新的信息業態。六是制定實施信息產業領域的經理制度，加大對人才、產品、創新的獎勵。七是建立健全服務體系，政策的制定要適應知識經濟和信息社會的要求。全面建成覆蓋全國、通達世界、技術先進、業務全面的國家信息網絡，匯集和傳播信息，解決信息產業中信息生產的供給和需求之間存在的較為普遍的信息不對稱問題[1]，加快建設全國信息產業項目服務工程[2]，打造信息產業項目合作、產品交易的平臺，以項目促創新；建立政策、技術、設備、人才、資金服務體系，為創新提供政策諮詢、技術援助、設備支持、人才交流、資金融通等簡捷高效的服務。八是加大力度建設信息產業基地和信息產業集群，不斷推進信息產業模式的創新。

三、促進產業空間合理佈局

中國地域廣闊，省份眾多，這就容易造成信息產業地區發展不平衡的狀況。因此，要使信息產業得到較快發展，就需要合理規劃信息產業區域發展佈局。一是要根據當前信息產業存在的「東部重、中西部輕，省會重、地市輕，城市重、鄉村輕」的不合理佈局問題，不斷調整政策，堅持區域、城鄉信息產業協調發展，搞好信息產業規劃佈局，合理引導資本投向，加大對欠發達地區和農村信息事業的投資和信息產業的供給，防止城鄉、區域信息產業差異擴大、分化。二是要根據東部、西部、中部信息產業發展現狀及其資源狀況，東

---

[1] 榮躍明．文化產業：形態演變、產業基礎和時代特徵 [J]．社會科學，2005（9）：176-186．

[2] 周瑋，王傳真．整合資源文化部啟動全國文化產業項目服務工程 [EB/OL]．(2006-12-160) [2014-11-20]．http://news.163.com/06/1216/20/32G9RHBE000120GU.html．

部信息產業發達地區要大力推動新興信息產業發展，加快信息產業升級，中西部地區則要努力創造條件，走以地域性歷史、民族、地理、特色等信息為內涵的發展路徑。三是要打破區域、城鄉壁壘，實行東部帶動中西部、城市帶動農村的優勢互補、良性互動的發展措施，加快信息產業轉移，鼓勵、支持信息產業發達地區的信息企業到不發達地區興辦信息產業，鼓勵、支持城市信息產業到縣鎮、農村興辦信息產業，扶持農村信息產業隊伍，鼓勵、支持縣鎮、農村發掘本地歷史、民族、地理、特色等資源興辦信息產業。四是作為生產性的信息產業，要引導、支持其集群化、協作化，並通過創新制度和進退機制，加快結構調整。

四、引導居民提升文化素質、轉變消費觀念

能夠使居民合理而充分地支配閒暇時間，改變消費觀念，也是發展信息產業的關鍵之一。現階段，社會觀念比起以往而言雖然有所進步，但長期以來「先生產、後消費」的生活觀念仍然是人們觀念的主基調，因此，只有不斷地引導和提升居民的信息素質和消費觀念，積極培育和壯大信息消費主體，才能有效地提升中國居民的信息消費水準，促進信息產業持續發展。這一方面需要繼續大力發展教育，普遍提高中國居民整體的信息素質，另一方面也要通過媒體宣傳等方式，積極引導居民的信息消費觀念，提高居民的消費品位，培養居民的信息消費習慣，從而逐步形成穩定的信息消費市場。同時，信息企業也應當開發休閒項目，不斷推出質量過硬、特色鮮明、民眾喜聞樂見的信息產品，引導居民合理支配閒暇時間，使其有足夠的時間進行信息消費，從而不斷促進信息產業的發展。

五、創新拓寬信息市場投融資渠道

資金是發展文化產業必不可少的條件，擁有較好的投融資渠道也是文化產業發展的保證。現階段，中國文化產業投融資機制上還存在不平衡的狀況，主要表現為結構不合理。政府的投資比重過大，缺乏社會資本和外資的投入。對此，我們需要改革文化產業的投資體制，例如通過實施文化產業民營化的發展戰略，建立有效的籌資機制，多種渠道吸納資金，形成以國有文化企業為主體，私營、個體、中外合資、中外合作等多種所有制形式並存互補的多渠道、多層次、全方位、立體式的文化產業建設的新格局。同時，通過制定稅收優惠政策、設立專項基金、提供政策性貸款等方面的金融政策來加大對文化產業發展資金方面的支持力度。還可以通過構建立體的資本市場體系推動文化產業與

資本市場的有機融合。可以借鑑其他城市建立貸款貼息機制、創建文化產業投融資服務平臺等相關舉措，推動仲介服務機構開展創意、版權等無形資產的評估服務工作，為中小文化企業、成長性文化項目和創新成果提供融資市場，促進文化產業中的文化資源與資本的有效結合。另一方面要建立「政府、銀行、企業」溝通對接機制，進一步完善文化產業中的投融資服務體系。政府通過構建平臺，使得銀行與文化企業之間能夠形成對接互動，促進兩者之間信息的交流和共享。政府可以通過與銀行等金融機構的聯繫，借助金融機構的金融產品創新和業務拓展，尋求對文化產業的信貸支持。同時，加強運用擔保機構、財政可安排資金等方式方法對文化企業信用擔保機構給予風險補償，對經過審核並通過的擔保機構進行申報和支持。

六、加大人才培養力度，提高自主創新能力

信息產業是知識密集型產業，需要大量的智力、高層次人才的投入。例如，相比於北京、上海，遼寧省信息產業的人才儲備並不是很充足。政府應該創造更多與高校合作的機會，利用遼寧省高校資源豐富的有利條件，加強企業與高校的合作。一方面高效地利用高校教師的科研能力，企業與高校相互合作，既能提高企業的創新能力，也能給高校教師創造一些實踐機會；另一方面充分地利用高校人才培養資源，企業與高校加強合作，讓高校專門地為企業培養人才，既能保證人才的優良性，還能解決大學生就業問題。人才的培養不僅是專業人才的培養，還應該抓好基礎教育和普及教育，使整體人才都具有一定的信息技術基礎，對信息技術的應用是有很大幫助的。

信息產業的發展中創新能力是關鍵，依賴國外技術的輸入不是發展信息產業的長久之計，甚至會成為信息產業發展的障礙。要想在激烈的競爭中佔有一席之地，遼寧省還需要擁有強大的自主創新能力。自主創新能力的培養與提高需要人才的支持，還得有政府政策的支持。企業內部應該創造良好的技術創新平臺，吸引優良的人才為企業注入新的活力，提出長遠的發展規劃，擁有自己知識產權的技術與產品。同時，政府應該發揮政府的智能，幫助企業引進資金和人才，同時提出一些良好的支持政策，使得企業能夠有效地發揮自己的長處。

七、加強文化產業知識產權的保護

知識產權是指人們在科學技術、文化藝術領域裡對其智力創造出的成果享有的專有權利。一些學者稱知識產權為文化產業的財富之源，足可以見得保護

好知識產權對發展文化產業的重要性。發達國家將文化產業視為版權產業，意思就是在發達國家中，文化產業的大部分內容都是知識產權保護的對象。要促進文化產業的發展，需要從以下幾個方面加強文化產業知識產權的保護。

一是提升公眾對版權產業的認識。20世紀七八十年代，西方發達國家信息技術的興起，不僅形成了一定規模的產業群，而且還帶動了傳統產業的改造，大大促進了生產力的發展，對經濟增長做出了卓越的貢獻，其中版權產業是這些產業群中最具代表性的。目前階段，版權產業對經濟發展的促進作用還未得到人們的普遍認同，因此，正確認識知識產權在經濟發展中的重要作用，提升公眾對版權產業的認識，是中國發展文化產業也是促進經濟增長的重點工作之一。

二是要進一步建立健全版權領域的法律法規。知識產權是一個與技術、經濟和法律相結合的產物，知識產權的保護力度和保護水準也是衡量文化產業發展的重要尺度。中國應當結合實際，結合版權保護中存在的問題，進一步建立健全版權領域的法律法規，嚴厲打擊侵犯知識產權的行為，構建和完善文化企業的知識產權保護體系，促進文化產業持續繁榮。

參考文獻

[1] 樊綱, 張晶晶. 全球視野下的中國信息經濟: 發展與挑戰 [M]. 北京: 中國人民大學出版社, 2003.

[2] 李京文, 鄭友敬, 小松崎清介, 等. 信息化與經濟發展 [M]. 北京: 社會科學文獻出版社, 1994.

[3] 李繼文. 工業化與信息化: 中國的歷史選擇 [M]. 北京: 中共中央黨校出版社, 2003.

[4] 李曉東. 信息化與經濟發展 [M]. 北京: 中國發展出版社, 2000.

[5] 羅伯特·M.索洛, 愛德華·F.丹尼森, 戴爾·W.喬根森, 等. 經濟增長因素分析 [M]. 史清琪, 等譯. 北京: 商務印書館, 2003.

[6] 錢納里. 工業化和經濟增長的比較研究 [M]. 吳奇, 等譯. 上海: 上海三聯書店, 1995.

[7] 約瑟夫·熊彼特. 經濟發展理論——對於利潤、資本、信貸、利息和經濟週期的考察 [M]. 何畏, 易家詳, 等譯. 北京: 商務印書館, 2009.

[8] 錢穎一, 肖夢. 走出誤區: 經濟學家論說硅谷模式 [M]. 北京: 中國經濟出版社, 2000.

[9] 曲維枝. 信息產業與中國經濟社會發展 [M]. 北京: 人民出版社, 2002.

[10] 宋玲, 姜奇平. 信息化水準測度的理論與方法 [M]. 北京: 經濟科學出版社, 2001.

[11] 吳基傳. 信息技術和信息產業 [M]. 北京: 中國科學技術出版社, 2000.

[12] 謝康. 信息經濟學原理 [M]. 長沙: 中南工業大學出版社, 1998.

[13] 楊杜. 企業成長論 [M]. 北京: 中國人民大學出版社, 1996.

[14] 張軍. 中國的工業改革與經濟增長: 問題與解釋 [M]. 上海: 上海

三聯書店、上海人民出版社,2003.

［15］朱勇,徐廣軍.現代增長理論與政策選擇［M］.北京:中國經濟出版社,2000.

［16］鄭友敬.跨世紀:技術進步與產業發展［M］.北京:社會科學文獻出版社,1995.

［17］周先波.信息產業與信息技術的經濟計量分析［M］.廣州:中山大學出版社,2001.

［18］周洛華.信息時代的創新及其發展效應［M］.上海:復旦大學出版社,2001.

［19］周振華.信息化與產業融合［M］.上海:上海三聯書店、上海人民出版社,2003.

國家圖書館出版品預行編目（CIP）資料

資訊產業與經濟增長研究 / 李向陽 著. -- 第一版.
-- 臺北市：崧博出版：崧燁文化發行, 2019.05
　面；　公分
POD版

ISBN 978-957-735-811-0(平裝)

1.產業發展 2.經濟成長 3.中國

484.6　　　　　　　　　　　　　　108005760

書　　名：資訊產業與經濟增長研究
作　　者：李向陽 著
發 行 人：黃振庭
出 版 者：崧博出版事業有限公司
發 行 者：崧燁文化事業有限公司
E - m a i l：sonbookservice@gmail.com
粉 絲 頁：　　　　　網　址：
地　　址：台北市中正區重慶南路一段六十一號八樓 815 室
8F.-815, No.61, Sec. 1, Chongqing S. Rd., Zhongzheng Dist., Taipei City 100, Taiwan (R.O.C.)
電　　話：(02)2370-3310　傳　真：(02) 2370-3210
總 經 銷：紅螞蟻圖書有限公司
地　　址: 台北市內湖區舊宗路二段 121 巷 19 號
電　　話:02-2795-3656 傳真:02-2795-4100　網址：
印　　刷：京峯彩色印刷有限公司（京峰數位）

　　本書版權為西南財經大學所有授權崧博出版事業股份有限公司獨家發行電子
書及繁體書繁體字版。若有其他相關權利及授權需求請與本公司聯繫。

定　　價：250元
發行日期：2019 年 05 月第一版
◎ 本書以 POD 印製發行